Von der Gnade

© 2013 Lulu. Alle Rechte vorbehalten.

ISBN 978-1-291-46529-7

[485]

# Lucius Annäus Seneca

Von der Gnade.

An den Kaiser Nero.

----------------

*Einleitung.*

-----

Wenn man einer Abhandlung über die Gnade den Namen Neros, als an den sie geschrieben sei, vorgesetzt liest, so möchte man fragen, ob diese Abhandlung Schmeichelei, oder ob sie Ironie enthalten werde. Allein es ist weder das eine noch das andere bei der vorliegenden Schrift Senecas der Fall; wenn man bedenkt, dass die Zeit der Abfassung dieser Schrift in das erste Jahr der Regierung des Kaisers Nero fällt und dass derselbe, sich nachher völlig ungleich, nach einstimmigen historischen Zeugnissen in den ersten fünf Jahren seiner Regierung die herrlichsten Hoffnungen von sich erregte und namentlich durch Milde sich auszeichnete, — wie er denn, als er das Todes[486]urteil mehrerer Ausreißer zu unterzeichnen gedrungen ward, nach langem Aufschub ausrief: „Ich wollte, dass ich nicht schreiben könnte!"[1]— so wird man teils den Inhalt dieser Schrift rein von Schmeichelei, teils die Absicht des Erziehers lobenswert finden, dem fürstlichen Zögling ein Gedenkbuch zu geben, worin demselben eine Tugend empfohlen wurde, die den Fürsten am höchsten ehrt und die seinem Ahn Augustus in so hohem Grade eigen gewesen.

In der Gestalt, wie wir die Schrift jetzt haben, ist dieselbe offenbar fragmentarisch; und es ist zu beklagen, dass wir vom zweiten Buche nur den Anfang und das dritte gar nicht besitzen.

Das erste Buch ist hauptsächlich Einleitung und betrachtet das Lobenswerte, Heilsame und Notwendige der empfohlenen Tugend, das zweite Buch – insoweit es erhalten ist –, erläutert sodann den Begriff und das Wesen der Gnade, — und das dritte handelte von der Art und Weise, wie das Gemüt zu dieser Tugend geführt werde, wie es sich in derselben vervollkommne und sie sich durch Übung eigen mache.

---

[1] Vgl. den Anfang des zweiten Buches.

[487] **Übersicht des Inhalts.**

*Erstes Buch.*

Kap. 1. u. 2. Gnade gewährt herrlichen Genuss im eigenen Bewusstsein. Diesen Genuss habe Nero. Segen daraus für ihn und für den Staat. Notwendigkeit bei Gnade selbst für Schuldlose; übrigens soll sie Schranken haben.

Kap. 3. u. 4. Disposition für die Abhandlung

1) Einleitung.
2) Natur und Kennzeichen der Gnade.
3) Mittel, sich dieselbe eigen zu machen.

1) Die Gnade ist der menschlichen Natur gemäß; am meisten ziemt sie Fürsten und Königen, deren sicherste Schutzwehr sie ist, da das Volk, seinen Fürsten schützend, zugleich für seine eigene Sicherheit sorgt. Der Fürst ist die Seele des Staats, das Volk der Körper.

Kap. 5. u. 6. Eben daraus geht hervor, wie notwendig die Gnade sei und wie wichtig, da sie so vieles erhalten und retten, des Fürsten Grausamkeit aber so vieles verderben kann. — Hoher Stand finde seine höchste Würde in Gnade, im Erhalten; darin besteht der Herrscher Ähnlichkeit mit den Göttern. Gnade ist auch notwendig wegen der Menge der Fehlenden und weil das Fehlen in der menschlichen Natur liegt.

Kap. 7-10. Die Götter sind versöhnlich und billig: Um wie viel mehr müssen es Menschen sein gegen Menschen? — Hohen ist nicht erlaubt, was man Niedrigen und Geringen hingehen lässt. Sie sind überall beobachtet. — Härte ist für einen Herrscher gefährlich, Milde nicht; Beispiel von Augustus, den seine Gnade zu Wohlfahrt und Sicherheit führte.

[488]

Kap. 11. u. 12. Unterschied zwischen Königen und Tyrannen; es kommt nicht auf den Namen an, sondern auf das Verfahren. Vergleichung zwischen Dionysius (dem Älteren) und Sulla. Tyrannengrausamkeit steigert die Entschlossenheit der Gedrückten und vertreibt die Furcht, wenn man nichts mehr zu verlieren hat.

Kap. 13-18. Ein Tyrann verwickelt sich immer tiefer in seine Grausamkeit; sein beklagenswerter Zustand; Glück des milden Herrschers; seine Wirksamkeit ist derjenigen guter Eltern ähnlich; mit der gelindesten Art von Bestrafung begnügt er sich; kein Untertan ist ihm so gering, dass er ihn nicht als einen Teil seines Reiches betrachtete. — Vergleiche des Herrschers mit einem Vater, einem Lehrer, einem Vorgesetzten der Soldaten und mit einem, der Tiere abzurichten hat. Am meisten macht Strenge den Menschen störrisch; auch einem Arzte sei der Herrscher gleich; hartes Verfahren erwirbt ihm keinen Ruhm; er herrsche nicht wie über Sklaven, wiewohl auch ihnen das Recht der Menschheit gilt.

Kap. 19. Je höher die Macht ist, desto schöner und herrlicher die Gnade. Dass der Machthaber grausam sei, ist gegen die Natur und ihm selbst gefährlich. — Nur durch gegenseitige Sicherstellung wird ein sicherer Zustand hervorgebracht. — Der Fürst gilt für den Größten, wenn er für den Gütigsten gilt.

Kap. 20. u. 21. In welchen Fällen ein Fürst strafen müsse und wie dabei die Gnade wirksam sein könne. Eigene Beleidigungen dürfen ihn weniger reizen, als fremde. — Doppelter Zweck der Rache für sich selbst, a) Genugtuung, oder b) Sicherheit für die Zukunft; ein Fürst braucht das nicht, weder Geringeren gegenüber, noch solchen, die ihm ehemals gleich waren. Hat er über Solcher Leben und Geschick zu entscheiden, so bereitet ihm Großmut den höchsten Triumph.

Kap. 22-26. Rache für andere hat einen dreifachen Zweck; Besserung, Abschreckung anderer, Sicherheit durch Hinwegschaffung der Schlechten. Geringere und seltene Bestrafung bessert eher und richtet mehr aus, als Grausamkeit. Schilderung der Grausamkeit; diese reizt am Ende alles zur Empörung [489] auf; ihr Walten ist aber in jedem Falle schauerlich. Nur retten und erhalten ist Glückseligkeit und göttliche Macht. —

*Zweites Buch.*

Kap. 1. u. 2. Anlass zu dieser Schrift sei Neros Äußerung: „Ich wollte, dass ich nicht schreiben könnte!" da nämlich in ihn gedrungen ward, Todesurteile zu unterschreiben. Der natürliche Zug des Herzens, der hier bei dem jungen Kaiser gewaltet, soll Grundsatz werden.

Kap. 3-6. Feststellung des Begriffs von Gnade; mehrere Definitionen; der Gegensatz von Gnade ist nicht Strenge, sondern Härte, Grausamkeit. — Gnade ist nicht Weichherzigkeit; diese ist eine Schwäche des Gemüts, eine Verstimmung, die dem Weisen nicht ziemt, welcher zwar nicht mitleidig ist, aber hilfreich, ein Vermittler gegen das Missgeschick.

Kap. 7. Feststellung des Begriffs von Verzeihung; dass sich der Weise nicht darauf einlasse, wohl aber schone und bessere; unterlassen, was er tun soll, werde er nicht; Gnade werde er erweisen, Verzeihung nicht: Gnade tut nicht weniger, als gerecht ist, sondern sie handelt in der Ansicht, dass, was sie tut, das Gerechteste sei.

## Erstes Buch

1. Über die Gnade, Kaiser Nero, habe ich mich zu schreiben entschlossen, um dir wie statt eines Spiegels zu dienen und dich dir selbst zu zeigen, wie du auf dem Wege bist, den allerhöchsten Genuss zu erringen. Denn obgleich der wahre Segen edler Taten darin liegt, dass man sie getan [490] hat und es keinen würdigen Preis für die Tugenden gibt außer ihnen selbst, so gewährt es doch Vergnügen, in das Bewusstsein des Guten hineinzuschauen und es von allen Seiten zu erforschen, danach aber seinen Blick zu richten auf diese unermessliche, zwieträchtige, unruhige, leidenschaftliche Volksmenge, die, wenn sie dies Joch zerbreche, sich selbst und andere gleichermaßen ins Verderben stürzen würde und also bei sich selbst zu sprechen: „Ich bin unter allen Sterblichen gefällig gewesen und erkoren worden, der Götter Stelle auf Erden zu vertreten, ich, den Völkern ein Schiedsrichter zu sein über Leben und Tod. Welch' ein Los und Zustand einem Jeglichen zukommen soll, in meine Hand ist's gelegt. Was das Geschick einem Jeden der Sterblichen zugeteilt wissen will, das spricht es durch meinen Mund aus: Ich bin das Orakel, aus dessen Spruch Völker und Städte die Ursachen ihres Jubels

schöpfen. Nirgendwo ist jemals Gedeihen, außer mit meinem Willen und meiner Vergünstigung. Diese vielen tausend Schwerter, die mein Friede in die Scheide steckt, werden auf einen Wink von mir entblößt werden. Welche Nationen mit der Wurzel ausgerottet, welche in andere Länder versetzt, welchen die Freiheit gegeben, welchen sie genommen, welche Könige Sklaven werden, um welcher Haupt der Königsschmuck gewunden werden müsse, welche Städte fallen, welche entstehen sollen, darüber gebietet mein Zepter. Bei dieser so großen Machtvollkommenheit hat mich nicht Leidenschaftlichkeit zu unbilligen Bestrafungen verleitet, nicht jugendliche Hitze, nicht der Menschen Verblendung und Trotz, wodurch oft auch den ruhigsten Gemütern die Geduld entwunden [491] ward: Nicht die schreckliche, aber bei großer Herrschaft nicht seltene Sucht, durch eine Schreckensregierung berühmt zu werden. — Eingesteckt, ja gefesselt liegt bei mir das Schwert, zu höchster Schonung auch des geringsten Blutes; ein Jeglicher, wenn ihn auch sonst nichts empfiehlt, er steht bei mir in Gunst, weil er den Namen Mensch trägt. — Die Strenge ist bei mir weit weg gelegt, die Gnade bei der Hand. Ich wache so über mich, als ob ich den Gesetzen, die ich aus Rost und Dunkel ans Licht gerufen, Rechenschaft zu geben hätte. Bei dem einen rührt mich die Tugend, bei dem andern das Alter; dem einen erweise ich eine Wohltat, da ich ihn in Würden setze, dem andern, da ich ihn in niedrigem Stande lasse; wo ich keinen Grund zur Barmherzigkeit auffinde, lasse ich Schonung eintreten mir selbst zu lieb. Heute noch bin ich bereit, den unsterblichen Göttern, so sie Rechenschaft von mir fordern, das Menschengeschlecht dazuzählen." So, mein Kaiser, darfst du kühn dich erklären; von allem, was in den Schutz deiner Treue gekommen, ist durch dich weder gewaltsam noch heimlich dem Staate etwas entrissen worden. Nach dem seltensten Ruhme, der noch keinem Fürsten ward, hast du getrachtet: Dass keinem durch dich Weh geschehe. — Du strebst nicht fruchtlos und diese deine ausgezeichnete Güte hat nicht undankbare oder bösartige Beurteiler gefunden; es wird dir gedankt. Nie war ein einziger Mensch einem einzigen Menschen so lieb, wie Du dem römischen Volke, Du, sein hohes und langdauerndes Glück[2]. Aber eine gewaltige Last hast du dir aufge-

---

[2] Es ist hier insbesondere zu bedenken, dass Nero in seinen ersten fünf Jahren, in welche Zeit – ja in das erste Jahr von Neros Regierung –, diese Schrift fällt, vortrefflich regiert hat. Vgl. die Einleitung.

[492]legt. Keine Seele spricht bereits mehr von dem vergötterten Augustus, noch von des Kaisers Tiberius ersten Zeiten; niemand sieht sich nach einem Muster außer dir um, das man von dir nachgeahmt wissen möchte. So wünscht man deine Regierung, wie sie dies Jahr uns schmecken ließ.[3] Das wäre freilich nicht wohl angegangen, wenn dir diese Güte nicht natürlich wäre, sondern nur auf eine gewisse Zeit angenommen; denn lange kann niemand eine Maske tragen. Was nur erheuchelt ist, fällt bald in seine Natur zurück; wo aber Wahrheit zum Grunde liegt und was, wenn ich so sagen soll, aus dem ganzen Wesen herauswächst, rückt mit der Zeit selbst zum Größeren und Besseren vor. Das römische Volk spielte ein gewagtes Spiel, da niemand wissen konnte, auf welche Seite sich alsbald das ausgezeichnete Naturell schlagen würde; nun ist alle Welt mit ihren Wünschen geborgen, denn es hat keine Gefahr, dass du auf einmal dich selbst vergessen könntest. Zwar macht allzu großes Glück begehrlich und nie sind die Begierden so gemäßigt, dass sie bei dem,

---

[3] Da Nero bekanntlich siebzehn Jahre alt die Regierung antrat und unten, im neunten Kapitel vorkommt: „Da Augustus, wie du jetzt, das achtzehnte Jahr zurückgelegt hatte": So ist klar, dass Nero zur Zeit der Abfassung dieser Schrift erst ein Jahr oder etwas darüber regiert hatte.

was sich nach Wunsch fügt, aufhören. Es geht stufenweise vom Großen zum Größeren und wem Unverhofftes zuteil ward, den treibt sein Hoffen bis zur Unverschämtheit. Im [493] gegenwärtigen Augenblicke jedoch sehen alle deine Untertanen sich ein doppeltes Geständnis abgenötigt, dass sie glücklich seien und dass zu diesem ihrem Glücke nichts hinzukommen könne, als dass es beständig wäre. Viele Umstände nötigen sie zu diesem Geständnis, an das der Mensch am allerschwersten kommt: Die tief begründete, Wohlstand verbreitende Sicherheit und der gegen jede Beeinträchtigung feststehende Rechtszustand. Man nimmt mit Augen wahr die hochbeglückende Staatsverfassung, der zur schrankenlosesten Freiheit nur das fehlt, dass du ihre Zerrüttung nicht möglich werden lässt. Die Hauptsache ist aber, dass die Niedrigsten wie die Höchsten deine Gnade in gleichem Maße zu bewundern bekommen; die übrigen Vorteile nämlich genießt oder erwartet je nach dem Verhältnisse seiner Lage ein Jeglicher in höherem oder geringerem Grade; aus Gnade erwächst aber allen dieselbe Hoffnung. Und es ist keiner, der so selbstgefällig auf seine Unschuld blickte, dass er sich nicht freuen sollte, dass ihm vor Augen die Gnade steht, die der menschlichen Schwachheit entgegenkommt.

2. Übrigens weiß ich wohl, es sind manche der Ansicht, durch Gnade werden gerade die Schlechtesten gehoben, weil sie nur nach Verbrechen eintreten kann und diese Tugend die einzige ist, die unter Schuldlosen gar nicht vorkommt. Allein so wie fürs erste Arzneimittel nur bei Kranken anwendbar, aber darum doch auch bei Gesunden in Ehren sind: Also wird die Gnade, obwohl nur von Strafwürdigen angefleht, dennoch auch von den Schuldlosen gewürdigt. Sodann findet sie doch auch auf die Person der Schuldlosen ihre Anwendung, weil manchmal das Schicksal wie Schuld [494] gilt, und nicht um der Unschuld kommt die Gnade zu Statten, sondern oft der Tugend, weil nämlich, je nachdem es die Zeiten mit sich bringen, manches vorkommt, was man loben und doch strafen könnte. — Nimm dazu, dass ein großer Teil der Menschen zur Unschuld zurückkehren kann. Dennoch muss man das Verzeihen nicht ins Allgemeine ausdehnen. Denn wo der Unterschied zwischen Guten und Schlechten aufgehoben ist, tritt Unordnung ein und alle Laster walten frei. Darum muss Einschränkung eintreten und man muss Gemüter, die zu heilen sind, von Unverbesserlichen zu unterscheiden wissen. Die Gnade, die man walten lässt, darf weder rücksichtslos und allgemein, noch auf einmal abge-

schnitten sein. Denn allen zu verzeihen, ist ebensowohl Grausamkeit, als keinem. Wir müssen Maß halten; allein weil die Mittelstraße zu treffen schwer ist, so schlage alles auf die mildere Seite vor, wenn es auch über die Billigkeit hinausgehen möchte.

3. Doch davon wird füglicher am geeigneten Orte die Rede sein. Jetzt will ich das Ganze dieses Gegenstandes in drei Teile zerlegen. Der erste soll eine Einleitung enthalten. Der andere die Beschaffenheit und die Erweisungen der Gnade darstellen; denn da es manche Laster gibt, die sich wie Tugenden gebärden wollen, so kann man sie nicht unterscheiden, wenn man ihnen nicht Merkmale aufdrückt, daran sie erkannt werden; zum dritten wollen wir untersuchen, auf welchem Wege das Gemüt zu dieser Tugend geleitet werde, wie es dieselbe in sich befestige und sich durch Übung zu eigen mache.

[495] Dass unter allen Tugenden keine dem Menschen mehr zieme, weil keine menschlicher ist, das muss einmal ausgemacht sein, nicht nur unter uns, die wir den Menschen, ein geselliges Wesen, als für das gemeine Wohl geboren angesehen wissen wollen, sondern auch unter denen, die

den Menschen das Vergnügen als Zweck anweisen und deren Reden und Tun durchaus auf den eigenen Vorteil hinausgeht. Denn wenn es ihm um Ruhe und Muße zu tun ist, so wird ihm ja derjenige Vorzug für seine Natur zuteil, der den Frieden liebt und sich der Gewalttätigkeit enthält. Keinem jedoch unter allen ziemt die Gnade mehr, als einem Fürsten oder König. Alsdann nämlich ist hohe Macht ehrenvoll und rühmlich, wenn, was sie vermag, zum Heil angewendet wird. Zum Schaden stark sein, ist verderbliche Macht. Dann erst hat die Größe eines Menschen Bestand und Grund, wenn alle von ihm überzeugt sind, er sei nicht so wohl über ihnen, als für sie; wenn es sich täglich erprobt, dass seine Sorgfalt über dem Wohle der Einzelnen und des Ganzen wache; wenn man, wo er sich zeigt, nicht, als erhübe sich irgendein böses oder schädliches Tier von seinem Lager, ihm aus dem Wege geht, sondern wie zu einem hellen und wohltätigen Gestirne wetteifernd herbeieilt, froh bereit, sich für ihn den Schwertern derer, die ihm nach dem Leben trachten, entgegen zu stellen und auf die eigenen Leichen treten zu lassen, wenn ihm der Rettungsweg nur über Leichen gebahnt werden kann. Seinen Schlaf sichern sie durch nächtliche Wachposten; um seine Seiten sich drängend und reihend sind sie ihm eine Schutzwehr; Gefahren, die auf [496] ihn anlaufen, stellen sie sich entgegen. — Nicht ohne Grund gewahrt man bei Völkern und Städten solches Zusammenhalten, also die Könige zu schützen und zu lieben und sich und das Seine hinzugeben, wo es des Herrschers Rettung erfordern mag. Nicht, als ob sie sich gering anschlügen oder von Sinnen wären, dass um ein einzig Haupt so viele Tausende sich das Schwert in die Brust stoßen lassen und mit vielen Toten ein einzig Leben erkaufen, zuweilen eines greisen, kraftlosen Mannes. Gleichwie der ganze Körper der Seele dient, und — obwohl jener so viel größer und ansehnlicher ist, diese aber, unscheinbar, im Verborgenen bleibt, dass man den Ort nicht weiß, wo sie stecken mag — dennoch Hände, Füße und Augen ihr zu Gebote stehen, diese Haut sie schützt, wir auf ihr Geheiß uns legen oder rastlos umherlaufen; gleichwie wir, wenn sie es befiehlt, falls sie eine habsüchtige Gebieterin ist, des Gewinnes halber das Meer durchkreuzen, oder falls sie ruhmsüchtig ist, schon längst die rechte Hand über das Feuer gehalten, oder freiwillig, uns [in den See] gestürzt haben[4]: So

---

[4] Anspielung auf Mucius Scävola, der im Lager des Porsenna seine Hand in das Feuer steckte, dem feindlichen Könige zu zeigen, dass der Römer den Schmerz nicht achte; und auf Curtius, der, die Vaterstadt zu sühnen nach dem Raube der

wird diese zahllose Menschenmasse, um des Einzigen Leben sich herdrängend, von seinem Atem regiert, von seinem Gedanken gelenkt, denn sie würde sich erdrücken und zunichte machen, mit ihrer eigenen Kraft, wenn sie nicht durch seinen Geist gehalten würde.

[497] 4. Es ist also Liebe zu ihrer eigenen unverletzten Wohlfahrt, wenn sie für einen einzigen Mann zehn Legionen in die Schlacht führen, wenn sie in den vordersten Reihen eindringen und ihre Brust den Wunden geradeaus darbieten, auf dass die Fahnen ihres Imperators nicht umwenden mögen. Denn Der ist das Band, durch welches der Staat zusammenhält; er ist der belebende Atem, den diese Menge von Tausenden zieht, die für sich selbst nichts wäre, als Masse und Beute, wenn ihr jene Seele des Reiches entzogen würde.

— So der König noch lebt, ist alles nur *ein* Sinn:
    Ist er dahin, liegt Treue darnieder.[5]

---

Sabinerinnen, sich mit seinem Pferde in den See stürzte, der von ihm den Namen des Curtischen bekam. *Vgl. Livius, I, 13.*

[5] Vgl. Vergil. *Vom Landbau IV, 212f.*

Solcher Unfall müsste der Friedensruhe Roms ein Ende machen, solcher das Glück des so mächtigen Volkes in Trümmer stürzen. — So lange wird dies Volk vor solcher Gefahr bewahrt bleiben, als es vernünftig genug sein wird, die Zügel sich gefallen zu lassen. Reißt es einmal diese ab, oder, so sie durch irgendeinen Zufall zerrissen würden, lässt es sich diese nicht wieder anlegen: So wird diese Einheit und dieses Band eines so großen Reiches in viele Teile auseinanderspringen und das Herrschertum dieser Stadt wird zugleich mit dem Gehorsam enden.

Darum darf man sich nicht wundern, wenn Fürsten und Könige und wes Namens sonst die Beschützer des Bestandes der öffentlichen Dinge seien, wohl noch mehr Liebe finden, als in den innigsten Verbindungen des Privatlebens gefunden wird. Denn wenn dem Vernünftigen das Öffentliche mehr [498] gilt, als das Besondere, so ist die Folge, dass er auch Denjenigen am teuersten hält, der des Staates Mittelpunkt ist. Denn längst hat sich der Kaiser[6] also mit dem Staate verfloch-

---

[6] Seit Augustus, der mit Beibehaltung des Namens der Freiheit alle Kräfte der Republik und alle ihre Macht in sich vereinigte und dadurch bewirkte, dass eine Trennung der Kräfte

ten, dass der eine Bestandteil nicht getrennt werden konnte, ohne dass beide zu Grunde gingen, denn so wie der eine Kräfte braucht, so braucht der andere auch ein Haupt.

5. Vielleicht denkst du, mein Vortrag sei etwas zu weit von seinem Zweck abgegangen, — aber fürwahr, er greift tief in die Sache selbst ein. Denn wenn du, was aus dem Bisherigen folgt, die Seele des Staates bist, er dein Körper: So erkennst du, denk' ich, daraus, wie notwendig die Gnade sei. Du schonst nämlich deiner selbst, während du des andern zu schonen scheinst. Zu schonen sind daher auch solche Untertanen, die man nicht gut heißen kann, gerade wie man krankhafte Glieder schont. Und wenn es je nötig wird, Blut herauszulassen, so ist darauf zu halten, dass man nicht tiefer einschneide, als es sein muss. Es ist also, wie ich sagte, die Gnade der Natur der Sache nach an jeglichem Menschen schön, hauptsächlich jedoch an Herrschern, je mehr dadurch in ihren Verhältnissen zu retten ist und je größer das Feld, auf dem ihre Wirksamkeit sich zeigt. — Denn welch kleinen Schaden richtet die Grausamkeit des Pri-

---

und des Hauptes nicht ohne große Gefahr vorgenommen werden konnte.

vatmannes an! Wenn ein Fürst wütet, das ist ein Krieg. Wenn [499] aber schon unter den Tugenden Übereinstimmung ist und nicht etwa die eine trefflicher oder edler, als die andere: So ist doch manche für gewisse persönliche Verhältnisse mehr geeignet. Großartige Gesinnung ziert jeden Sterblichen, auch den, der nichts unter sich hat. Denn was ist größer oder kräftiger, als dem Unglücke seinen Stachel zu nehmen? Doch diese großartige Gesinnung hat bei großen Glücksumständen einen noch weiteren Spielraum und tritt herrlicher auf dem Tribunal hervor, als unten [wo das Volk steht]. Jedes Haus, in das die Gnade einzieht, wird durch sie beglückt und ruhig werden, aber im Königspalast ist sie, je seltener, desto bewundernswürdiger. Denn was ist merkwürdiger, als wenn Der, dessen Zorn nichts im Wege steht, dessen Ausspruch, auch wenn er hart ist, selbst die, so sein Opfer werden, gut heißen, der niemand Rede zu stehen, ja wenn er auch in heftiger Leidenschaft gehandelt, nicht einmal abzubitten hat, — wenn dieser sich selbst Einhalt tut und seine Macht zu Güte und Sanftmut anwendet, den einen Gedanken festhaltend: Töten, dem Gesetz zuwider, kann jeder; am Leben erhalten niemand als ich! — Hohem Stande ziemt hoher Sinn, und wenn sich dieser nicht zu jenem erhebt und höher stellt, so zieht er auch jenen tiefer als zur Erde herab. Einer großen Seele aber ist es eigen, sanft zu sein und ruhig und Beeinträchtigungen und Beleidigungen zu verachten. Weibisch ist's, im Zorne zu toben; wilden Tieren aber – und erst nicht großmütigen –, kommt es zu, die, so ihnen vorgeworfen werden, zu zerfleischen und zu quälen. Elefanten und Löwen gehen vorüber, wenn etwas an sie angestoßen; die unedle Bestie ist widerspenstig. Einem König ziemt nicht [500] wilder und unerbittlicher Zorn, da steht er ja nicht mehr viel über dem, den er sich eben dadurch gleichstellt, dass er zürnt. Aber wenn er Leben schenkt, wenn er Ehre verleiht denen, die in Gefahr sind und verdient haben, ihre Ehre zu verlieren, so tut er, was niemand kann, außer ein Gewaltiger. Das Leben nehmen kann man ja auch einem Höheren; schenken kann ich es nur einem, der unter mir steht. Erhalten, — das kommt nur denen als eigentümlich zu, die das Schicksal auf eine ausgezeichnete Höhe gestellt hat und diese Höhe ist von keiner Seite mehr zu verehren, als weil sie in dem Fall ist, zu können, was den Göttern zukommt, deren Geschenk es ist, dass wir in die Welt treten, die Guten und die Bösen. Ein Fürst mache sich daher die Gesinnung der Gottheit eigen, auf die einen von seinen Untertanen, weil sie nützlich und gut sind, blicke er mit Lust; andere betrachte er als die Zahl ausfüllend; über die einen freue er sich, dass er sie hat, andere seien ihm geduldet.

6. Denke dich in diese Stadt hinein, wo die auf den breitesten Straßen endlos hinströmende Volksmenge sich drängt, so oft etwas in den Weg kommt, was ihren Lauf, wie eines reißenden Waldstroms, hemmen möchte, wo man zu derselben Zeit auf dem Wege nach drei Theatern auf einmal Platz haben will[7], wo so viel verzehrt wird, als der Feldbau aller Länder hervorbringt, — was würde da bald [501] für eine menschenleere Einöde sein, wenn niemand da bleiben dürfte, als wen ein strenger Richter freigesprochen? Wie wenige mögen unter den untersuchenden Richtern sein, die nicht selbst dem nämlichen Gesetze verfallen sind, nach welchem sie untersuchen? Wie viele Ankläger mögen wohl rein sein von Schuld? — Und ich meine fast, es ist niemand weniger geneigt, Nachsicht eintreten zu lassen, als wer schon oft darum zu bitten hatte. Gefehlt haben wir allzumal, der eine schwer, der andere leichter, der

---

[7] In drei Theater strömte zu Rom das Volk zu gleicher Zeit und da war denn ein großes Gewühl und Gedränge auf den dahinführenden Wegen; die drei Theater waren das des Balbus, des Marcellus und des Pompejus.

eine vorsätzlich, der andere vom Zufalle getrieben, oder durch eines andern Schlechtigkeit verführt; manchmal sind wir bei guten Absichten nur nicht fest genug gewesen und haben gegen unseren Willen und mit Widerstreben die Unschuld verloren. Und nicht nur, dass wir Fehltritte getan haben, — wir werden straucheln bis zum äußersten Lebensalter. Wenn einer auch sein Herz so gut gereinigt hat, dass ihn nunmehr nichts mehr irre machen kann, zu einem untadeligen Wandel hat er's doch nur durch Fehlen gebracht.

7. Weil ich [vorhin] der Götter erwähnte: So wird es wohl das Beste sein, wenn ich einem Fürsten das zum Vorbild aufstelle, dass er von sich selbst verlange, er solle gegen seine Untertanen so sein, wie er wünsche, dass die Götter gegen ihn seien. Wäre es wohl gut, wenn wir Götter hätten, die gegen Sünden und Verirrungen unerbittlich wären? Wäre es gut, wenn sie bis zu unserer gänzlichen Vernichtung hart mit uns verfahren würden? — Wo wäre da ein König sicher, dass nicht die Blitzedeuter[8] seine Gliedmaßen [502] ins

---

[8] Die Haruspices hatten die Pflicht, Menschen, die vom Blitze getötet waren, nach Aufsuchung der Spuren des Blitzes an demselben Orte zu begraben, wo jene vom Blitz erschlagen

Grab sammelten? Wenn nun aber die Götter, persönlich und billig, die Vergebungen der Gewaltigen nicht alsbald mit dem Donnerkeile strafen: Wie viel billiger ist's dann, dass ein Mensch über Menschen gesetzt, milden Sinnes seine Herrschaft übe und bedenke, ob die Welt nicht lieblicher für das Auge und schöner aussehe an einem heitern und reinen Tage, als wenn alles von häufigen Donnerschlägen kracht und Blitze die Luft durchkreuzen? — Aber gerade so ist der Anblick einer ruhigen, gemäßigten Regierung, wie der des heiterstrahlenden Himmels. Eine grausame Herrschaft ist trüb in Dunkel gehüllt, alles zittert und bebt vor dem jähen Donnerschlag und Der selbst bleibt nicht unerschüttert, der alles in Unruhe bringt. — Leuten, die keine öffentliche Wirksamkeit haben, verzeiht man es leichter, wenn sie hartnäckig auf Rache bestehen: Denn sie können verletzt werden und ihre Empfindlichkeit kommt von erlittenem Unrecht; überdies fürchten sie verachtet zu werden, und dem, der beleidigt hat, nicht zu vergelten, gilt für Schwäche und nicht für Gnade. Dagegen, wem es ein Geringes wäre, Rache zu nehmen, der erlangt, wenn er sie verschmäht, das

---

worden waren. Der Ort selbst wurde dann durch ein Opfer geheiligt.

unstreitige Lob der Sanftmut. Leuten in niedrigem Stande geht es viel eher hin, um sich zu schlagen, Streit zu führen, in Hader zu geraten und ihrem Zorne den Willen zu lassen. Nicht von Bedeutung sind die Streiche, wenn man sich gleich ist. Mit eines Königs erhabenem Stande will sich schon das [503] Schreien nicht vertragen und dass er seinen Worten den Lauf lässt.

8. „Du hältst es für hart, dass den Königen der freie Gebrauch der Rede benommen sein soll, den doch die Niedrigsten haben? Das ist, wird man sagen, Sklaverei, nicht Herrschergewalt!" — Freilich! Merkst du es nicht, dass wir die Herren sind, du der Sklave? — Es ist ganz etwas anderes mit denen, die in dem großen Haufen stecken, aus dem sie nicht herauskommen; bei diesen haben auf der einen Seite die Tugenden lange genug zu tun, dass sie ans Licht treten; auf der andern bleiben aber auch ihre Fehler im Dunkeln. — Eure Taten und Worte fängt das Gerücht auf und darum hat sich niemand so sehr darum zu bekümmern, was man für einen Namen habe, wie die, bei denen er in jedem Falle groß ist, mögen sie einen guten oder schlechten verdienen. — Wie manches ist dir nicht erlaubt, was uns gestattet ist und zwar, weil wir es dir zu verdanken haben? Ich

kann in jedem Teile der Stadt ohne Besorgnis allein gehen, ohne dass mir ein Begleiter folgt, ohne dass ich ein Schwert zu Hause oder an der Seite habe: Du musst in dem Frieden, der dein Werk ist, in Waffen leben. Du kannst nicht einen Schritt tun, ohne auf der Bahn deines Standes. Er umlagert dich, und, wohin du gehst, er geht mit dir und macht große Umstände. Das ist die Sklaverei der höchsten Größe, dass man nicht kleiner werden kann. Übrigens ist dir dieser Zwang mit den Göttern gemein, auch sie hält ja der Himmel angefesselt und herabzusteigen ist ihnen ebenso wenig vergönnt, als es für dich sicher ist. Auf deinem Gipfel bist du angeschmiedet. Unsere Bewegungen sind von Wenigen [504] bemerkt, ausgehen und heimkehren und unsere Lage verändern können wir, ohne dass die Welt davon weiß; dir wird ebenso wenig als der Sonne das Glück, in Verborgenheit zu weilen. Das Meer von Licht ist dir daran hinderlich; aller Augen sind darauf gerichtet. Meinst du, du gehest aus? Auf gehst du. Reden kannst du nicht, ohne dass deinen Laut die Völker um dich her auffangen. Zürnen kannst du nicht, ohne dass alles zittert. So kannst du auch keinem einen Streich versehen, ohne dass alles umher erschüttert wird. Wie die Blitze herabfallen, wenigen gefährlich, alle ängstigend, so sind die Strafverhängungen der Hohen und Gewaltigen weiterhin schreckend, als sie wehe tun: Nicht ohne Grund! Denn man denkt bei dem, der alles kann, nicht daran, was er getan habe, sondern was er etwa tun werde. — Nimm nun noch dazu, dass Privatpersonen, wenn sie sich empfangenes Unrecht gefallen lassen, sich nur noch mehr aussetzen, Unrecht zu leiden: Königen dagegen wird durch ihre Milde nur zuverlässigere Sicherheit zuteil. Weil häufige Strafe bei wenigen den Hass dämpft, bei allen anfacht, so muss die grausame Gesinnung nicht erst da zurücktreten, wo kein Anlass mehr ist. Sonst, gleichwie Bäume, die man unter der Schere hält, gerade recht viele Zweige treiben und manche Gattungen der Saatfrüchte, damit sie dichter wachsen sollen, abgeschnitten werden: Also vergrößert eines Königs Grausamkeit die Zahl der Übelwollenden dadurch, dass er sie aus dem Wege räumt. Denn Eltern und Kinder derer, die getötet wurden und Verwandte und Freunde treten an die Stelle jeder einzelnen Person. —

[505] 9. Wie wahr dies sei, will ich dir an einem Vorfall in deiner Familie vorhalten. Der vergötterte Augustus war ein milder Fürst, wenn man ihn von seiner Alleinherrschaft an zu beurteilen anfängt. Bei der gemeinschaftlichen Staatsverwaltung

[während seines Triumvirats] führte er das Schwert. Als er in dem Alter war, worin du jetzt stehst, da er das achtzehnte Jahr vollendet hatte, steckten seine Dolche schon in dem Busen seiner Freunde; da hatte er schon meuchlerisch dem Konsul Marcus Antonius das Schwert in die Seite stoßen wollen, da war er schon ein Genosse der Proskription gewesen. Aber als er das vierzigste Jahr überschritten hatte und in Gallien weilte, kam ihm die Anzeige zu, dass Lucius Cinna, ein Mann von schwachem Geiste, ihm Nachstellungen bereite. Es ward ihm angesagt, wo und wann und wie er es angreifen wollte: Einer von den Mitwissenden verriet es. Er beschloss, sich gegen denselben sicher zu stellen und veranstaltete eine beratende Zusammenkunft seiner Vertrauten. Er hatte eine unruhige Nacht, denn er bedachte, dass ein Jüngling von edler Geburt und der sonst keine Schuld auf sich geladen, ein Enkel des Gnaeus Pompejus[9] verurteilt werden sollte. Schon war er nicht fähig, einen einzigen Menschen zu töten, während er [früher] von Proskriptionsbefehl dem

---

[9] Die Mutter des Cinna war eine Tochter des großen Pompejus und Gattin des Cornelius Faustus, der ein Sohn des Diktators Sulla war.

Marcus Antonius bei der Tafel diktiert hatte[10]. Unter Seufzern ließ er hier und da [506] verschiedene und sich untereinander widersprechende Worte fallen. „Wie? Meinen Mörder soll ich sicher neben mir wandeln lassen, während ich in Sorgen schwebe? Wie? Der soll ungestraft bleiben, der dieses in so vielen Bürgerkriegen vergebens bedrohte, in so vielen See- und Landschlachten unverletzt gebliebene Haupt nicht zu morden, sondern wie ein Opfertier zu schlachten gesonnen war?" — Denn während des Opfers hatte er ihm den Streich zu versetzen beschlossen. — Nach einer Pause hinwiederum zürnte er mit viel lauterer Stimme gegen sich selbst, als gegen Cinna. „Was? lebst du denn noch, wenn so vielen daran liegt, dass du dahin seiest? Wie werden die Hinrichtungen enden und das Blutvergießen? Ich soll ein Haupt sein, den Jünglingen des Adels dargeboten, dass sie dagegen ihre Dolche schärfen? — Das Leben hat keinen Wert mehr, wenn so vieles zugrunde gehen muss, damit ich nicht umkomme!" Endlich nahm seine Gemahlin Livia das Wort. „Magst du wohl", sprach sie, „eines Weibes Rat vernehmen? Mach' es, wie die Ärzte pflegen,

---

[10] S. Cassius Dio XLVI, 55f.

die, wenn die gewöhnlichen Mittel nicht anschlagen, zu den Entgegengesetzten schreiten. Durch Strenge hast du bisher nichts ausgerichtet; dem Salvidienus tut es Lepidus nach, dem Lepidus Muräna, dem Muräna Cäpio, dem Cäpio Ignatius, anderer nicht zu gedenken, bei denen es schon ein Schimpf ist, dass sie sich so etwas nur erfrechten: Versuche nun, wie es dir mit der Gnade gelinge. Verzeihe dem Lucius Cinna. Er ist ergriffen. Schaden kann er dir nicht mehr! Fördern kann er deinen Ruhm!" — Voll Freude, dass er eine Fürsprecherin gefunden, dankte er seiner Gemahlin; den Freunden aber, die er zu Rate hatte ziehen wollen, ließ er [507] sogleich absagen und den Cinna allein zu sich kommen; und nachdem er alle aus dem Zimmer hatte abtreten und dem Cinna noch einen Sitz hatte geben lassen, sprach er: „Das Einzige verlange ich von dir, dass du mich im Sprechen nicht unterbrechest und nicht mitten in meine Rede hinein schreiest: Du wirst schon Zeit bekommen, da dir zu reden frei steht. Als ich dich, Cinna, im Lager meines Feindes [des Sextus Pompejus] fand, habe ich dir, einem mir nicht gewordenen, sondern geborenen Feinde das Leben geschenkt, ich habe dir all dein Erbgut überlassen. Noch heute bist du so glücklich, so reich, dass den Besiegten die Sieger beneiden. Als du dich um das

Priesteramt bewarbst, habe ich, mit Übergehung Mehrerer, deren Väter mit mir im Felde gedient, es dir gegeben. Obwohl ich mich also um dich verdient gemacht, bist du gesonnen, mich zu ermorden?!" Da er auf dies Wort hin ausrief, solcher Wahnsinn sei ferne von ihm, entgegnete er ihm: „Du hältst nicht Wort, Cinna, es war ausgemacht, du solltest nicht darein reden. — Du gehst, sagte ich, damit um, mich zu ermorden!"; er nannte ihm dazu den Ort, die Genossen, den Tag, den verabredeten Gang des Meuchelmords und wer das Schwert führen sollte. — Und da er nun sah, wie jener durchbohrt dastand, und jetzt nicht mehr in Folge der Verabredung schwieg, sondern weil ihm das Gewissen schlug, fragte er: „Und in welcher Absicht beginnest du solches? Um selbst Herrscher zu sein? Wahrlich, da ist das römische Volk schlimm daran, wenn dir, um Imperator zu sein, nichts im Wege steht, als ich. Deine eigenen Angelegenheiten kannst du nicht wahren. Es ist noch nicht lange her, dass du in einer Privatklage vor Gericht [508] durch die Gewandtheit eines Menschen aus dem Stande der Freigelassenen den Kürzeren gezogen. Natürlich ist dir nun nichts leichter möglich, als gegen den Kaiser selbst etwas anzuzetteln. Sage doch einmal, wenn ich allein deinen Hoffnungen im Wege stehe, ob dich wohl ein Paullus und Fabius Maximus und die Cossen und die Servilier dulden werden, und die mächtige Schar von Edlen, die nicht eitle Namen zur Schau tragen, sondern von Männern, die ihren Ahnenbildern Ehre machen!" — Ich will nicht durch Aufzeichnung seiner ganzen Rede meinem Buche zu viel Raum wegnehmen, denn man weiß, dass er länger als zwei Stunden sprach, da er die Strafe, mit der er sich allein zu begnügen gesonnen war, in die Länge zog. „Das Leben", schloss er, „schenke ich dir, Cinna, zum zweiten Male, erst dem Feinde, nun dem Meuchelmörder und dem Kaisermörder. Mit dem heutigen Tage fange unter uns ein Freundesverhältnis an; lass uns wetteifern, ob redlicher ich dir das Leben geschenkt habe, oder du es mir verdankst!" Darauf übertrug er ihm das Konsulat und beklagte sich, dass er es nicht zu verlangen gewagt hätte und er hatte an ihm den besten, treusten Freund; Jener machte ihn zu seinem einzigen Erben. — Und von keiner Seite ward ihm fernerhin nach dem Leben getrachtet.

10. Verziehen hat dein Ältervater Besiegten. Hätte er nicht verziehen, über wen hätte sein Zepter geboten? — Den Sallustius und die Cocce-

jer und Dellier[11] und die [509] ganze Schar [von Freunden] des ersten Ranges hat er aus dem Lager seiner Gegner gewonnen. Dann die Domitier, Messallen, Asinier, Cicerone[12] und was sonst die Zierden des Staates waren, hatte er seiner Gnade zu verdanken. — Mit Lepidus[13] selbst — wie lange hatte er Geduld, bis dieser starb! Er ließ es sich gefallen, dass derselbe viele Jahre den höchsten Ehrentitel des Alleinherrschers [den eines Pontifex Maximus] behielt und ließ die Stelle der höchsten Priesterwürde erst nach dessen Tode sich übertragen; denn er wollte lieber, dass man dieselbe eine Ehrenstelle nenne, als eine Beute. Diese Gnade führte ihn zu Wohlfahrt und Sicherheit, sie war's, die ihn beliebt und begünstigt machte, obgleich er auf den Nacken der Republik, bevor sie unters Joch gebracht worden, seine Hand gelegt

---

[11] Sallustius, ein Schwestersohn oder Schwesterenkel des Geschichtsschreibers. *Vergl. Tacitus Annalen III, 30.* aus der Familie der Coccejer war der nachmalige Kaiser Nerva; die Dellier hießen auch Deillier, daher die falsche Leseart Duillier.

[12] Auch diese Männer gingen von Brutus und Antonius zu ihm über. Cicero ist ein Sohn des Redners und Philosophen.

[13] Den ehemaligen Triumvir Lepidus, obwohl derselbe, so lange er lebte, ihm gefährlich war, tötete Augustus nicht, sondern begnügte sich, ihn nach Circeji, einer Stadt in Latium, zu verweisen, wo derselbe erst nach 23 Jahren starb.

hatte; sie ist's, die ihm auch noch heutzutage einen Namen sichert, wie ihn ein Fürst kaum zu seinen Lebzeiten gewinnt. Dass er ein Gott sei, glauben wir, nicht wie wenn es uns durch eine Verordnung gesagt worden wäre. Wir gestehen, dass Augustus ein edler Fürst gewesen und dass der Name eines Vaters [des Vaterlandes] wohl auf ihn passte; aus keinem andern Grund, als weil er auch erlittene Schmähungen, für welche Fürsten empfindlicher zu sein pflegen, als für tätliche Beleidigungen, [510] nichts weniger als mit Grausamkeit bestrafte; weil er zu Schmähworten, die man sich gegen ihn erlaubte, lächelte; weil man offenbar sah, dass es ihm eine Strafe sei, wenn er strafte; weil er an allen denjenigen, die er als des Ehebruchs mit seiner Tochter[14] [Julia] schuldig verurteilt hatte, die Todesstrafe vollziehen zu lassen so weit entfernt war, dass er ihnen, da sie verbannt wurden, Sicherheits- und Postscheine ausstellte. Das heiße ich verzeihen, wenn du bei der Gewissheit, dass sich viele finden werden, die für dich zürnen und sich dir mit fremdem Blute gefällig machen möchten,

---

[14] Sowohl an seiner Tochter Julia, als an seiner Enkelin gleichen Namens erlebte Augustus wenig Ehre. *Vergl. Suetons Octavian. Kap. 65.*

nicht nur das Leben schenkst, sondern auch dafür Gewähr leistest.

11. So Augustus im Greisenalter, oder in den Jahren, die sich bereits ins Greisenalter hinüber neigten. In jüngeren Jahren war er hitzig, zornglühend und tat manches worauf er ungern den Blick zurückwandte. Es wird niemandem einfallen, zwischen deiner Milde und dem vergötterten Augustus eine Vergleichung anzustellen, wenn auch die Jahre des Jünglings sich mit dem mehr als gereiften Greisenalter messen sollten. — Mag er immerhin gemäßigt und huldreich gewesen sein, freilich! Aber nach dem vom Römerblute gefärbten Meere bei Actium[15], aber nach den bei Sizilien zernichteten Flotten[16], eignen und fremden, aber nach den [511] Altären für Perusia[17] und nach den Proskriptionen: Ich einmal kann das nicht Gnade nennen, wenn die Grausamkeit sich müde gewü-

---

[15] Die Seeschlacht gegen Antonius und Cleopatra bei dem Vorgebirge Actium in Epirus.

[16] Im Kriege mit Sextus Pompejus, im J. d. St. 714.

[17] Nachdem er die Stadt Perusia in Etrurien belagert, erobert und geschleift, errichtete er dem Julius Cäsar Altäre und opferte dreihundert, nach Sueton (Octavian, Kap. 15.); nach Dio Cassius aber (XLVII, 14.) vierhundert auserlesene Männer aus der eroberten Stadt, im J. d. St. 713.

tet. — Das, mein Kaiser, ist wahre Gnade, die du übst, die sich nicht von da herschreibt, wo man des Wütens satt ward: Da muss kein Flecken sein, kein vergossenes Bürgerblut. Das ist bei der höchsten Gewalt die wahrhaftigste Mäßigung und Liebe zur Menschheit und zu dem gemeinsamen, dir nun gewidmeten Vaterlande, dass man von keiner Leidenschaft, keiner Verblendung sich reizen lässt, dass man nicht – angesteckt von dem Beispiele voriger Herrscher –, eine Probe machen und versuchen will, wie viel man sich gegen seine Bürger erlauben könne, sondern dass man seiner Herrschergewalt selbst die Schärfe nimmt. Du hast, oh Kaiser, den Staat in einen Zustand gesetzt, wo kein Blut fließt; und wessen du dich so hohen Sinnes rühmtest, „dass du im ganzen Reiche nicht einen Tropfen Bluts vergossen habest", das ist umso größer und bewundernswerter, weil keinem je das Schwert früher in die Hände gegeben ward.

Die Gnade erwirbt also nicht nur hohe Ehre, sondern auch hohe Sicherheit und was der Schmuck des Alleinherrschers ist, ist auch zugleich seine zuverlässigste Wohlfahrt. — Denn woher kommt's, dass Könige in hohes Alter kommen und Kindern und Enkeln den Thron übergeben,

Tyrannen-[512]gewalt aber fluchwürdig und kurz ist? Was ist für ein Unterschied zwischen einem Tyrannen und zwischen einem Könige? Das Äußere ihres Standes und ihre Machtvollkommenheit ist ja gleich; nur dass Tyrannen zu ihrer Lust hart sind, Könige nur aus Ursachen und aus Zwang.

12. „Wie denn?! Pflegen nicht auch Könige zu töten?" Ja, so oft das Gemeinwohl solches zu tun ihnen zur Pflicht macht; den Tyrannen ist hartes Verfahren eine Seelenweide. Der Unterschied zwischen dem Tyrannen und dem Könige beruht aber auf dem Verfahren, nicht auf dem Namen. Denn auf der einen Seite kann der ältere Dionysius nach Recht und Verdienst manchen Königen vorgezogen werden; auf der andern — was hindert, den Lucius Sulla einen Tyrannen zu nennen, der zu morden nicht aufhörte, bis es keinen Feind mehr für ihn gab? — Mag er von seiner Diktatur abgetreten sein und die Toga wieder angezogen haben: Wo hat denn doch jemals ein Tyrann so gierig Menschenblut getrunken, wie er, der siebentausend römische Bürger mit einander zusammenhauen ließ?[18] Und da er in der Nähe, beim

---

[18] Über Sullas Grausamkeit vergl. Seneca vom Zorn I, 2. Dionysius von Halikarnass, im fünften Buch am Schluss und Florus III, 21. geben nur viertausend an und Valerius Maxi-

Tempel der Bellona sitzend, das Zusammenschreien so vieler Tausender und ihre Todesseufzer hörte und der Senat darüber schauerte, sprach er: „Zur Tagesordnung, versammelte Väter, — es ist nichts, als dass etliche Aufrührer auf meinen Befehl getötet werden!" — Da hat er nicht [513] gelogen; einem Sulla musste es vorkommen, als seien's nur etliche. — Aber bald darauf sprach jener Sulla: „Lasst uns daran halten, wie man Feinden zürnen müsse, namentlich, wenn Mitbürger – und die sich von dem nämlichen Staatsverband losgerissen –, zu Feinden des Vaterlands geworden sind!" Indessen macht, wie ich sagte, die Gnade den großen Unterschied zwischen dem König und dem Tyrannen aus, wenn schon beide auf gleiche Weise von Waffen umwehrt sind. Allein der eine hat die Waffen, um sie zur Bewahrung des Friedens zu gebrauchen, der andere, um mit großem Schrecken den Ausbruch großen Hasses zu dämpfen. Ja, auch die Hände sogar, denen er sich anvertraut hat, sieht er nicht ohne Sorgen an; es ist da eine Wechselwirkung von Gegensätzen; er ist nämlich verhasst, weil er gefürchtet ist und will gefürchtet sein, weil er [doch schon] ver-

---

mus vier Legionen. Seneca bleibt sich in seiner Angabe getreu, vergl. von den Wohltaten V, 16.

hasst ist und der fluchwerte Spruch, der schon viele gestürzt hat, wird sein Grundsatz:

> Lass hassen, wenn sie fürchten.[19]

Er bedenkt nicht, was für eine Wut ausbricht, wenn der Hass über die Maßen wächst. Gemäßigte Furcht hält die Gemüter freilich in Schranken; ist sie aber unablässig und gespannt und zum Äußersten getrieben, so weckt sie die Darniedergehaltenen zu Wagestücken auf und treibt sie, alles zu versuchen. So magst du wilde Tiere wohl mit Seilen und Federn eingeschlossen in Furcht halten: Kommt aber von hinten der Reiter mit Geschossen auf sie zu: So werden sie mitten durch das hindurch, was sie gescheut hatten, die [514] Flucht versuchen und die Scheuche zu Boden treten. — Am meisten gesteigert ist die Kraft, wenn sie von der äußersten Not herausgepresst wird. Die Furcht muss notwendig noch irgendeinen Sicherheitspunkt frei lassen und mehr Hoffnung als Gefahr darbieten: Sonst, wenn man in der Ruhe gleichviel zu fürchten hat, bekommt man Lust, in Gefahren hineinzurennen und fremdes Leben für nichts zu achten. Einem sanften und ruhigen

---

[19] Vergl. Seneca *Vom Zorn I, 16.*

König ist seine Hilfsmacht getreu und er kann sie zu seiner und aller Sicherheit verwenden; und der Soldat macht sich eine Ehre daraus, — er denkt nämlich, der öffentlichen Sicherheit zu dienen, dass er sich mit Freuden jeder Anstrengung unterzieht, als ob er einen Vater bewachte. Ist jener aber hart und blutgierig, so werden ihm seine Trabanten freilich nicht zugetan sein.

13. Es kann einer unmöglich an Denjenigen treue und wohlgesinnte Diener haben, deren er sich bei Torturen und zum Folterpferd und bei Mordmaschinen bedient, denen er gerade wie wilden Bestien Menschen zuwirft; denn indem er Menschen und Götter als Zeugen und Rächer seiner Untaten zu fürchten hat, wird er in jeder Hinsicht schuldbelasteter und beunruhigter, und es kommt mit ihm dahin, dass er seinen Charakter nicht mehr ändern kann. Denn neben andern, ist wohl das das Ärgste an der Grausamkeit, dass man darin fortmachen muss und die Umkehr zum Besseren nicht frei steht. Müssen doch Schandtaten durch Schandtaten gedeckt werden: Was aber kann unglückseliger sein, als ein Mensch, der nicht mehr anders als böse sein kann! Oh, der Beklagenswerte: Für sich wenigstens; denn es wäre wohl Frevel, wenn andere ihn bemitleideten, da er

seine [515] Gewalt zu Mord und Raub anwandte, da er sich alles verdächtig machte, sowohl auswärts, als daheim; da er die Waffen fürchtet, ungeachtet er zu den Waffen seine Zuflucht nimmt, und weder an Freundestreue noch an Kindesliebe glaubt. Und wenn er auf alles hinblickt, was er getan und noch zu tun im Sinne hat, und wenn er sich sein Inneres, von Schandtaten und Qualen erfüllt, aufschließt, da fürchtet er oft den Tod, öfter noch wünscht er ihn, sich selbst noch verhasster, als seinen Sklaven. Wie anders der, dem alles am Herzen liegt, obwohl er sich um das eine mehr, um das andere minder annimmt; jeglichen Teil des Gemeinwesens hegt er, als ob es ein Teil von ihm selbst wäre; zur Milde geneigt, zeigt er, obwohl das Strafen in der Regel sein muss, wie ungerne er zu harten Mitteln greift, und nichts Feindseliges, nichts Rohes ist in seiner Gesinnung. Wer seine Macht milde und heilsam ausübt und danach trachtet, dass den Untertanen seine Herrschaft lieb werde: Der dünkt sich überglücklich, wenn er sein Glück zum allgemeinen machen kann; freundlich in der Unterredung, leicht zugänglich, im Blicke, der wohl besonders das Volk an sich fesselt, liebenswürdig, billigen Wünschen entgegenkommend, ja auch unbillige nicht hart abweisend, ist er von dem ganzen Staate geliebt, geschätzt, geehrt. Im Geheimen oder öffentlich — man spricht von ihm überall dasselbe. Da wünscht man, Kinder zu haben, und geht ab von dem Gelübde der Unfruchtbarkeit, das man in unheilvollen Zeiten des Staates getan; keiner zweifelt, ob seine Kinder es ihm verdanken werden, dass er ihnen solch ein Jahrhundert gezeigt. — Solch [516] ein Fürst ist durch sein segnendes Walten geschützt, er braucht keine Bedeckung; Waffen hat er nur zur Zierde.

14. Worin besteht nun also seine Wirksamkeit? Worin die guter Eltern besteht, welche ihren Kindern manchmal freundlich, manchmal drohend Unarten vorzuhalten, zu Zeiten auch sie mit Schlägen zurechtzuweisen pflegen. Wird wohl ein Vernünftiger seinen Sohn auf die erste Unart hin enterben? Wenn nicht große und viele Frevel die Geduld ermüdet haben, wenn nicht, was er zu besorgen hat, mehr ist, als was er bestraft, so schreitet er nicht zum Verhängen des Äußersten. Erst versucht er vieles, um die gefährliche und schon verdorbene Natur noch auf den rechten Weg zu bringen; wenn dann alle Hoffnung verloren ist, greift er zum Letzten. Kein Vater geht an die härtesten Strafen, bevor er alle Mittel erschöpft hat. — Was ein Vater, das hat auch der

Fürst zu tun, dem wir ja nicht aus leerer Schmeichelei den Namen „Vater des Vaterlandes" gegeben haben. Die anderen Beinamen hat man gegeben um der Ehre willen. Wir haben den einen den Großen, den andern den Beglückten, den Dritten den Erlauchten genannt, und auf die ehrsüchtige Majestät haben wir so viel Titel als möglich gehäuft, und ihnen damit unseren Tribut bezahlt: Den Namen „Vater des Vaterlandes" haben wir geschöpft, um [dem Herrscher] ans Herz zu legen, es sei ihm eine väterliche Gewalt übertragen; denn diese ist voll Mäßigung, für die Kinder besorgt, und um deren willen sich selbst bei Seite setzend. Schwer gehe ein Vater daran, Glieder seines Hauswesens abzuschneiden; ja wenn er sie auch abgeschnitten hat, wünsche er sie doch wieder anzufügen, und wohl während des Abschneidens seufze [517] er, nachdem er viel und lange gezögert. — Denn es fehlt nicht viel, dass wer schnell verurteilt, es gerne tut und es ist wohl nahe beisammen, wer zu viel straft, straft unbillig. Es geschah zu unserer Zeit, dass über den Erixo[20], einem römischen Ritter, weil er seinen Sohn zu Tode gegeißelt hatte, das Volk auf dem Forum mit

---

[20] Von diesem Erixo spricht sonst kein Schriftsteller des Altertums.

den eisernen Griffeln hergefallen ist. Mit Mühe nur hat ihn des Kaisers Augustus Ansehen den feindlichen Händen sowohl der Väter als der Söhne entrissen.

15. Den Titus Arius[21], der seinen über dem Vatermord ergriffenen Sohn zum Exil verurteilte, nach vorangegangener Untersuchung, hat jedermann darum geachtet, dass er mit dem Exil – und zwar mit einem sehr schonenden –, sich begnügend, den Vatermörder auf Massilia beschränkte und ihm seinen jährlichen Gehalt in demselben Maße, wie vor dem Verbrechen, ausbezahlte. — Diese Freigebigkeit bewirkte, dass in der Stadt, wo es doch den Schlechten nie an Verteidigern fehlt, keine Seele zweifelte, dass der Beschuldigte mit Recht verurteilt wäre, da ihn ein Vater habe verurteilen können, der es nicht über sich gewinnen konnte, ihn zu hassen. Gerade in diesem Beispiel stelle ich dir vor, wie ein guter Fürst mit einem guten Vater zu vergleichen sei. — [518] Da Titus Arius über seinen Sohn erkennen

---

[21] Ohne Zweifel ist dieser Arius derselbe, dessen unter dem Namen Areus in der Trostschrift an Marcia IV, 2. gedacht wird. Des Sohns des Areus erwähnt Sueton im Leben des Octavian 89. — Er verwies seinen Sohn nach Massilia, wo ein sehr lebensfroher Ton herrschte.

wollte[22], zog er den Kaiser Augustus zu Rate. Er kam zu der Familienangelegenheit, er saß dabei, und nahm Teil an der Beratung, die ihn persönlich nichts anging. Er sagte nicht: „Ei, man soll in mein Haus kommen!" Wäre das geschehen, so wäre eine Erkenntnis des Kaisers, nicht des Vaters, herausgekommen. — Nachdem der Stand der Sache vernommen und alles untersucht war, sowohl das, was der junge Mensch zu seiner Entschuldigung vorgebracht hatte, als auch das, wodurch er überwiesen ward: So verlangte er [der Kaiser], dass jeder seine Stimme schriftlich geben sollte, damit nicht des Kaisers Ansicht zur allgemeinen würde. Darauf, bevor die Zettel eröffnet wurden, schwur er, dass er von der Erbschaft des Titus Arius, der ein reicher Mann war, nichts wolle. Es möchte jemand sagen: Das war kleinlich, er besorgte also, es könnte den Anschein haben, als ob er durch die Verurteilung des Sohnes einer Hoffnung für sich Raum geben wollte. Meine Ansicht ist die entgegengesetzte: Ein Jeglicher unsers Gleichen hätte sich gegen bösartigen Verdacht mit seinem guten Gewissen trösten müssen: Die Fürs-

---

[22] Vermöge der väterlichen Gewalt war der Vater der Privatrichter über seine Kinder und zog zu der Untersuchung in der Regel nur die Verwandten.

ten müssen manches auch der öffentlichen Meinung zu lieb tun. Er schwur, dass er von der Erbschaft nichts wolle. Arius verlor [dadurch] an demselben Tage zwar auch den zweiten Erben: Aber der Kaiser erkaufte so seiner Ansicht die Unbefangenheit und nachdem er bewiesen, dass seine Strenge frei [519] von der Rücksicht auf seinen Vorteil sei, woran einem Fürsten stets gelegen sein muss, gab er seinen Ausspruch: Er solle an einen Ort verwiesen werden, den der Vater für gut hielte. — Nicht auf den Sack, nicht auf die Schlangen, nicht auf den Kerker erkannte er[23], bedenkend, nicht über wen er urteilte, sondern wer ihn zu Rate gezogen. Mit der gelindesten Art der Bestrafung, sagte er, müsse sich ein Vater begnügen, gegenüber einem Sohn in den Jünglingsjahren, der zu einem Verbrechen verleitet worden wäre, bei dem er sich, was an Schuldlosigkeit grenze, schüchtern benommen; dass er von der Stadt und aus den Augen des Vaters entfernt werde, das müsse sein. —

---

[23] Die üblichen Strafen der Vatermörder bei den Römern waren die, dass der Schuldige mit verhülltem Haupt in den Kerker geführt, sodann, in einen ledernen Sack oder Schlauch neben einer Schlange, einem Affen, einem Hahn und einem Hund eingenäht, in den Fluss gestürzt werden sollte.

16. Ja, der verdiente, von Vätern zu Rate gezogen zu werden, der war es wert, dass sie ihn zum Miterben einsetzten, wenn auch auf ihren Kindern keine Schuld lastete. Solche Gnade ziemt dem Herrscher, auf dass er, wohin er kommt, alles milder mache.

Einem Könige sei keiner so gering, dass ihm Desselben Untergang nicht fühlbar wäre; sei er, wer er sei, er ist ein Teil seines Reiches. Für die großen Herrschergewalten wollen wir Vorbilder wählen aus den Kleinen. Es gibt mehrere Arten des Herrschens: Ein Fürst herrscht über seine Bürger, ein Vater über seine Kinder, ein Lehrer über seine Schüler, ein [520] Tribun oder Centurio über seine Soldaten. Wird man nicht Denjenigen für den schlechtesten Vater halten, der seine Kinder auch bei den geringfügigsten Veranlassungen mit unaufhörlichen Schlägen in Ordnung halten will? Welcher Lehrer aber schickt sich besser für freie Wissenschaften, — einer, der die Schüler quält, wenn sie etwas nicht im Gedächtnisse behalten und wenn das Auge, nicht gewandt genug, im Lesen anstößt, oder einer, der lieber durch Winke und Erregung des Ehrgefühls bessern und belehren will? — Stelle einen schonungslosen Tribun oder Centurio auf, — er macht, dass es Ausreißer

gibt, — und es ist ihnen erst wohl zu verzeihen.
— Ist's denn auch billig, wenn ein Mensch drückender und härter beherrscht wird, als man über unvernünftige Tiere herrscht? Siehe, ein Bereiter, der ein Pferd zu bändigen versteht, der bringt es nicht durch häufige Schläge in Angst; denn es muss scheu und störrisch werden, wenn man es nicht mit sanfter Berührung streichelt. So macht es auch der Jäger, der die jungen Hündlein abrichtet zum Aufspüren und schon geübte nimmt, wo das Wild aufgescheucht und verfolgt werden soll.
— Und er wendet nicht oft Drohungen an, er würde ihnen sonst alle Lust nehmen und alle Anlage, die sie haben, würde durch ein unnatürlich zaghaftes Wesen verringert werden; darum lässt er ihnen aber doch nicht die Freiheit, wie sie wollen, da und dorthin zu schweifen und zu streifen. — Vergleiche damit auch die, so schwerfälliges Zugvieh treiben, das, ob es gleich zu Misshandlung und Elend geboren ist, durch allzu große Grausamkeit gezwungen wird, sich gegen das Joch zu sträuben.

[521]   17. Kein lebendes Wesen ist störrischer, keines will mit mehr Kunst behandelt sein, als der Mensch; keines muss mehr geschont werden. Denn was ist törichter, als dass man sich schämt,

an Zugvieh und Hunden seinen Zorn auszulassen, der Mensch aber unter Menschen stehend am schlimmsten daran ist? Krankheiten heilen wir, und zürnen nicht: Aber auch hier ist ein krankhafter Zustand des Gemüts und der will eine milde Arznei und einen Arzt, der auf den Kranken nicht böse ist. Die Hoffnung aufgeben, dass die Heilung gelinge, verrät nicht den besten Arzt. So muss auch bei denen, deren Seele nicht im gesunden Zustand ist, Derjenige, dem das Heil aller anvertraut ist, nicht alsobald die Hoffnung wegwerfen, und die Krankheitserscheinungen für tödlich erklären. Er kämpfe gegen die Gebrechen und leiste Widerstand; den einen sage er ins Gesicht, wo es ihnen fehlt; die andern täusche er mit sanfter Kur, wenn er sie durch unmerkliche Heilmittel schneller und besser heilen kann. Ein Fürst sorge nicht nur für die Rettung, sondern auch, dass keine entstellende Narbe zurückbleibe. Kein König erwirbt sich Ruhm durch hartes Verfahren. Denn wer glaubt denn nicht, dass es in seiner Gewalt liege? Den größten Ruhm aber gewinnt er dagegen, wenn er seine Kraft in Schranken hält, wenn er viele dem Zorn anderer entreißt, keinen seinem eigenen opfert.

18. Die Herrschaft über Sklaven mit Mäßigung auszuüben, gereicht zum Lob; und man muss bei einem Sklaven bedenken, nicht wie viel man ihm ohne Rüge antun könne, sondern wie viel die Natur des Rechts und der Billigkeit erlaube, die auch die Gefangenen und Erkauften schonend zu [522] behandeln gebeut. Mit wie viel mehr Recht verlangt sie nun, dass freie, freigeborne, achtbare Menschen nicht wie Sklaven behandelt werden, sondern als solche, über denen du eine Stufe höher stehst, und die dir nicht zur Knechtschaft, sondern zum Schutze übergeben sind. — Sklaven dürfen sich zu einer Bildsäule flüchten[24]. Obwohl gegen einen Sklaven alles erlaubt ist, so gibt es doch etwas, was durch das gemeinsame Recht jedes lebenden Wesens als gegen einen Menschen nicht erlaubt ausgesprochen wird, weil er derselben Natur ist wie du. Wer hasste nicht den Vedius Pollio[25] noch ärger, als seine Sklaven ihn hassten, weil er seine Muränen mit Menschenblut mästete, und die, so sich in etwas

---

[24] Unter den Kaisern wurde die Sitte herrschend, dass Sklaven, um Misshandlungen zu entgehen, sich zu den Bildsäulen eines Kaisers, als zu einer Freistätte, flüchteten, wie sonst zu einem Altar.

[25] Über Vedius Pollio vgl. Seneca, *Vom Zorn III, 40.*

verfehlt hatten, in das Behältnis werfen ließ, das im Grund eine Schlangengrube war? — Oh des tausend Tode verdienenden Menschen! Mochte er nun seine Sklaven den Muränen vorwerfen, um diese für seine Tafel zu haben, oder mochte er sie nur zu dem Zwecke halten, um sie auf diese Weise zu füttern. Gleichwie man schon auf grausame Hausherren in der ganzen Stadt mit Fingern zeigt und sie hasst und verabscheut: So dehnt sich bei Königen ihre Gewalttätigkeit und ihr übler Ruf noch weiter aus und der Hass gegen sie pflanzt sich von Jahrhundert zu Jahrhundert fort. — Oh lieber nicht geboren sein, als denen beigezählt werden, die zum Unheil der Welt geboren wurden!

[523] 19. Es wird niemand etwas ausdeuten können, was einem Herrscher schöner stünde, als Gnade, in welchem Maße und mit welchen Rechten er nun über die andern gesetzt sein mag. Gerade umso schöner und herrlicher, werden wir eingestehen, müsse solches sein, in je höherer Macht er steht, welche nicht schädlich wirken muss, wenn sie nach dem natürlichen Rechte gehandhabt wird. Denn das Königtum ist ein Gebilde der Natur, was man teils an andern Tieren se-

hen kann, teils an den Bienen, deren König[26] die geräumigste Zelle hat, im mittleren sichersten Raume. Zudem ist er von Lasten frei, während er von den andern Arbeit verlangt, und wenn der König verloren ist, löst sich der ganze Schwarm auf; auch leiden sie nie mehr als einen und lassen es auf einen Kampf ankommen, wer der Beste sei. Überdies hat der König eine ausgezeichnete Gestalt, nicht wie die andern, sowohl in Hinsicht der Größe, als des Glanzes, doch unterscheidet er sich hauptsächlich durch letzteren. Sehr zornig und wie es bei solchem Körper angehen mag, sehr streitlustig sind die Bienen; der König selbst ist ohne Stachel. Die Natur wollte teils nicht, dass er grausam sei, teils nicht, dass er eine Rache nehme, die ihn so teuer zu stehen käme; sie hat ihm die Waffe versagt und seinen Zorn wehrlos gelassen. Ein mächtiges Vorbild für große Könige. So pflegt die Natur, ihren Willen durch's Kleine kund zu tun, und [524] für große Dinge gar kleine Lehrmeister aufzustellen. Es würde uns nicht zur Ehre gereichen, wenn wir von den kleinen Geschöpfen

---

[26] Bei den Alten heißt die Bienenkönigin immer König; im Übrigen stimmen sie mit den Neuern in der Naturgeschichte der Bienen überein, nur dass Aristoteles behauptet, der König habe einen Stachel, was Plinius unentschieden lässt, Seneca aber mit den Neueren übereinstimmend leugnet.

nichts annehmen wollten, da der Menschen Sinn umso gemäßigter sein sollte, je größer der Schaden ist, den er anrichtet. Möchte doch auch demselben Gesetze der Mensch unterworfen sein und zugleich mit seiner Wehr der Zorn gebrechen, möchte es ihm doch nicht möglich sein, öfter als ein einziges Mal zu schaden und nicht fremde Kräfte zu Werkzeugen seines Hasses zu machen; leichter wohl würde seine Wut ermüdet werden, wenn er sich durch sich selbst Genugtuung verschaffen müsste und mit Gefahr seines Lebens seine volle Kraft dazu verwenden würde. Doch auch so, wie es jetzt ist, lässt er seiner Leidenschaft nicht ohne Gefahr den Lauf. Denn in demselben Grade muss er fürchten, als er gefürchtet sein will, und allen auf die Hände sehen und auch zu der Zeit, wo man ihm nichts anhat, denken, es sei etwas gegen ihn im Werk und keinen Augenblick darf er sich der Besorgnis überhoben glauben. Und solch ein kümmerliches Leben kann ein Mensch ertragen, während es nur auf ihn ankäme, unschädlich für andere und deswegen sorglos das segensvolle Recht der Gewalt zur Zufriedenheit aller zu handhaben? Denn man irrt, wenn man meint, da, wo nichts vor dem König sicher ist, sei der König sicher. Durch gegenseitige Sicherstellung ist ein sicherer Zustand bedingt. Es ist nicht nötig, hohe Burgen zu türmen und schwer zu ersteigende Hügel zu festigen, noch Bergseiten abzugraben und sich hinter dreifache Türme und Mauern zu verschanzen; auf offener Fläche wird einen König seine Gnade sicher stellen. Es gibt eine einzige Feste, die nicht zu erstürmen ist, [525] die Liebe der Untertanen. Was ist schöner, als wenn alle wünschen, dass er lebe und das Flehen für ihn kein Gebotenes ist? Wenn das Wanken seiner Gesundheit nicht Hoffnung unter dem Volke erregt, sondern Besorgnis? Wenn einem Jeden nichts so kostbar ist, dass er es nicht für das Leben seines Gebieters hingeben mochte, und jeder alles, was diesen betrifft, wie sein eigen Geschick betrachtet? — Da zeigt sich denn, was er durch ununterbrochene Beweise seiner Güte dargetan, dass nicht der Staat ihm, sondern er dem Staate gehöre. — Wer könnte es wagen, einem Solchen Gefahr zu bereiten? Wer sollte nicht wünschen, wo es möglich wäre, auch dem Schicksale seinen Einfluss zu benehmen auf den Mann, unter welchem Gerechtigkeit, Friede, Zucht, Sicherheit, Ehre blüht, unter dem der gesegnete Staat reichen Vorrat an allen Gütern hat? Und mit derselben Gesinnung schaut er seinen Regenten an wie wir, wenn die unsterblichen Götter uns ihren Anblick gestatteten, sie mit Hochachtung und Verehrung anschauen würden. Und wie? Steht ihnen nicht Derjenige am nächsten, der ein göttliches Wesen in seinem Benehmen zeigt, segnend, wohltätig und für die edelsten Zwecke mächtig? Danach ziemt ihm zu trachten, darin ihnen nachzuahmen, dass er für den Größten gelte, indem er zugleich für den Gütigsten gilt.

20. In zwei Rücksichten pflegt ein Fürst zu strafen, wo er es nämlich sich selbst schuldig ist, oder einem andern. Zuerst rede ich von der Seite, die ihn selbst berührt. Es ist allerdings schwerer, sich da zu mäßigen, wo man die Rache der eigenen Empfindlichkeit, als wo man sie des Beispiels wegen schuldig ist. Ich brauche hier nicht zu erinnern, dass [526] er die Sache nicht zu leicht nehmen, dass er der Wahrheit auf den Grund kommen, der Unschuld hold und dienstwillig sein und nicht vergessen soll, dass an dem Beteiligten nicht minder gelegen sei, als an dem Richter. Dies ist Sache der Gerechtigkeit, nicht der Gnade. Jetzt legen wir ihm ans Herz, dass er, im Fall er offenbar beleidigt ist, sein Gemüt in seiner Gewalt haben und die Strafe erlassen soll, wo es ohne Gefahr für ihn möglich ist; im andern Falle mildere er sie und sei weit eher zu erweichen, wenn er selbst, als wenn andere Unrecht erlitten.

Denn so wie nicht Derjenige Großmut übt, der mit fremdem Eigentume freigebig ist, sondern der sich selbst entzieht, was er dem andern schenkt; so heißt mir nicht Derjenige gnädig, der es bei dem, was ein anderer litt, nicht so genau nimmt, sondern der, welcher nicht auffährt, ob ihn schon der eigene Rachezorn antreibt; welcher einsieht, das sei Großmut, wenn man bei der höchsten Macht Unrecht erträgt, und ruhmvoller sei nichts, als ein Fürst, der ungestraft beleidigt ward.

21. Die Rache hat zwei Zwecke: Entweder sie gibt Dem Genugtuung, der Unrecht litt, oder sie gewährt ihm Sicherheit für die Zukunft. Ein Fürst steht zu hoch, als dass er Genugtuung bedürfte und seine Macht liegt zu sehr am Tage, als dass er durch das Leiden eines andern seine Gewalt erst ins Ansehen zu bringen brauchte. Dies gilt für den Fall, dass er von Geringeren angegriffen und beleidigt worden wäre. Denn wenn er die, so ihm zu einer gewissen Zeit gleich waren, unter sich sieht, so ist er hinlänglich gerächt. Getötet hat einen König wohl auch schon ein Sklave und eine Schlange und ein Pfeil; am Leben erhalten nie-[527]mand, der nicht größer war, als der Gerettete. Darum muss ein Gewaltiger das so hohe Geschenk der Götter, ein Leben zu schenken

oder zu nehmen, mit hohem Sinne gebrauchen hauptsächlich solchen gegenüber, von denen er weiß, sie seien einmal auf einer ähnlichen Höhe gestanden; ist's dahin gekommen, dass er darüber entscheiden kann, so ist seine Rache vollständig und er hat es so weit gebracht, als es für die eigentliche Strafe genug war. Denn Der hat das Leben verloren, der es einem andern zu verdanken hat; und wer von seiner Höhe herabgestürzt ward zu des Gegners Füßen und den Urteilsspruch eines andern über Thron und Leben zu gewarten hatte, der lebt seinem Retter zum Ruhm und macht, unverletzt erhalten, dessen Namen größer, als wenn er aus dem Wege geräumt worden wäre. So ist er ein ewiges Schauspiel von der Größe des andern; — im Triumphe wäre er schnell vorübergegangen. War es aber möglich, dass ihm auch sein Thron ohne Gefahr gelassen und er wieder an die Stelle gesetzt werden konnte, von der er herabgestürzt war: Dann steigt in mächtigem Wachstume der Ruhm dessen, der sich damit begnügte, von einem besiegten Könige nichts zu nehmen, als den Ruhm. Das heiße ich auch über seinen Sieg den Triumph feiern; da erklärt er vor der Welt, dass er bei den Besiegten nichts gefunden habe, das des Siegers würdig wäre. Mit Untertanen und Leuten ohne Namen und Niedrigen ist umso mehr gemäßigt zu verfahren, je weniger es Wert hat, ihnen wehe getan zu haben. Manche magst du mit Liebe schonen; an manchen mag es dir zu geringe sein, Rache zu nehmen; und es ist an sie eben [528] so wenig Hand anzulegen, als an kleine Tiere die den verunreinigen, der sie zertritt. Bei denen aber, auf deren Rettung oder Bestrafung das Auge der ganzen Stadt gerichtet ist, ist die Gelegenheit zu ergreifen, die sich dazu darbietet, dass man deine Gnade kennen lerne.

22. Gehen wir zu dem Unrecht über, das andere erlitten haben. Bei dessen Bestrafung hat das Gesetz drei Zwecke im Auge, die auch der Fürst zu berücksichtigen hat: Entweder, den, so es straft, zu bessern, oder durch seine Bestrafung andere besser zu machen; oder durch Hinwegschaffung der Schlechten das Leben der andern mehr zu sichern. Was sie selbst betrifft, so wirst du sie eher bessern durch geringere Strafen. Denn man wendet mehr Sorgfalt auf das Leben, wenn man noch etwas hat, das unverletzt ist. Niemand sieht auf Ehre, wenn sie einmal dahin ist. Es ist eine Art von Freibrief, wenn man nicht weiter bestraft werden kann. Die Sitten des Staates gewinnen mehr, wo man mit Strafen sparsam ist. Macht ja doch die Menge der Fehlenden das Feh-

len so gewöhnlich, und minder bedeutend ist die gerichtliche Beschimpfung, wenn ein ganzer Schwarm von Verurteilten sie zu einer Kleinigkeit macht, und die Strenge, wenn sie gar nicht nachlässt, verliert ihr Heilsames, das Ansehen. — Es fördert ein Fürst Sittlichkeit im Staate und rottet Fehler aus, wenn er mit denselben Geduld hat, nicht als ob er sie billigte, sondern weil er ungerne und zu seiner eigenen großen Plage zur Züchtigung schreite. Gerade die Gnade des Herrschers macht, dass man sich vor Übertretungen scheut. Viel gewichtiger erscheint die Strafe, wenn sie von einem milden Manne verhängt wird.

[529] 23. Überdies wirst du finden, dass das häufig verübt wird, was man häufig bestraft. Dein Vater[27] hat in fünf Jahren mehr Menschen [Elternmörder] in den ledernen Schlauch einnähen lassen, als man in allen Jahrhunderten weiß[28]. Viel weniger wagten es Kinder, den äußersten Frevel zu begehen, so lange es für dies Verbrechen kein Gesetz gab. Mit hoher Klugheit wollten die größten und am tiefsten in die Menschennatur hinein-

---

[27] Claudius, welcher nach seiner Verheiratung mit Agrippina den Nero adoptierte.

[28] Vgl. oben Kap. 15. und die Anmerkung dazu.

blickenden Männer darüber als über eine gleichsam nicht glaubliche Freveltat, die gar nicht werde gewagt werden, lieber stillschweigend hinweggehen, als durch ein Strafgesetz auf die Möglichkeit solchen Frevels aufmerksam zu machen.[29] Und so haben denn die Vatermörder erst mit dem Gesetz angefangen, und die Strafe hat sie die Tat gelehrt. Es stand aber sehr schlecht mit der kindlichen Liebe seitdem man mehr Lederschläuche als Kreuze sah. Wo in einem Staate selten jemand bestraft wird, da vereinigt sich alles zu einem unsträflichen Leben und hält darauf, als auf ein gemeinsames Gut. Es nehme ein Staat an, er sei unsträflich: Und er wird es sein. Er wird auf die, so von der allgemein verbreiteten Rechtlichkeit abfallen, mehr zürnen, wenn er sieht, es seien ihrer wenige. [530] Gefährlich ist's, glaube mir, dem Staate vor die Augen zu legen, wie groß die Mehrzahl der Schlechten sei.

24. Es wurde einmal vom Senate der Vorschlag gemacht, dass die Sklaven sich von den

---

[29] Namentlich von Solon wird erzählt, dass er auf die Frage, warum er auf den Vatermord keine Strafe gesetzt, geantwortet habe: „Weil dies Verbrechen gar nicht vorkommt!" *Vgl. Cicero für den Roscius Amerinus, 25.*

Freien durch ihre Tracht unterscheiden sollten[30]; in der Folge sah man ein, was für eine Gefahr drohte, wenn unsere Sklaven anfingen, uns zu zählen. Das Nämliche ist wohl auch zu befürchten, wenn keinem verziehen wird: Da wird bald am Tage liegen, wie überwiegend der schlechtere Teil der Bürgerschaft sei. Dem Fürsten gereichen viele Todesstrafen eben so wenig zur Ehre, als dem Arzte viele Leichen. Dem gelinderen Herrscher gehorcht man besser. Das menschliche Gemüt ist von Natur widerspenstig und zum Verbotenen und Gefährlichen strebend, und geht lieber selbst nach, als es sich ziehen lässt. Und so wie treffliche und edle Pferde besser mit einem leichten Zügel gelenkt werden, so geht freiwillig und aus eigenem Antriebe der Gnade ein unsträfliches Verhalten zur Seite und die Bürger halten es für der Mühe wert, sich dieselbe zu bewahren. Darum wird auf diesem Wege mehr ausgerichtet. Grausamkeit ist ein gar nicht menschliches Übel, und mit einer so milden Seele unverträglich. Bestienwut ist's, an Blut und Wunden seine Lust zu finden und, den Menschen ausziehend, sich zu einem Tiere der Wälder umzuwandeln.

---

[30] Die Tunika trugen sowohl Sklaven, als geringe Bürger. Die Toga trugen überdies nur die Vornehmeren für gewöhnlich.

25. Denn sage mir, Alexander, was ist's doch für ein [531]Unterschied, ob du den Lysimachus[31] dem Löwen vorwirfst oder ob du ihn selbst mit deinen Zähnen zerreißest? Ist's ja doch dein Mund, deine Tiernatur. Oh wie wünschtest du doch, dass lieber du die Klauen hättest, lieber du den Rachen, der weit genug ist, Menschen zu verschlingen! Wir verlangen ja nicht von dir, dass diese Hand, der vertrautesten Freunde gewissestes Verderben, irgendeinem segensreich werde, dass dies wilde Gemüt, der Völker verzehrendstes Übel, ohne Blut und Mord gesättigt werde: Es gilt bei dir schon für Gnade, wenn der Henker zu des Freundes Ermordung nur aus der Zahl der Menschen gewählt wird. Das ist der Grund, warum die Grausamkeit auf's Tiefste zu verabscheuen ist, dass sie die Grenzen überschreitet, vorerst die gewohnten, dann die der Menschlichkeit. Neue Todesstrafen sucht sie auf, zieht den Erfindungsgeist zu Rate, sinnt Werkzeuge aus, den Schmerz abwechselnd und gesteigert zu machen, und findet ihre Augenweide an der Menschen Unglück. Alsdann steigt jene grausenhafte Krankheit des Geis-

---

[31] Weil Lysimachus den von Alexander grausam getöteten Kallisthenes bedauerte, wurde er den Löwen vorgeworfen. Vgl. *Vom Zorn III ,17. und III, 22.*

tes bis zur äußersten Tollheit, wenn die Grausamkeit zur Wollust geworden ist und man schon Freude daran findet, einen Menschen zu töten. Einem solchen Manne folgt Zerstörung, Hass, Gift und Dolch auf dem Fuße nach; es dringen so viele Gefahren auf ihn ein, als er selbst Vielen gefährlich ist; bisweilen wird er von den Anschlägen Einzelner, ein andermal aber von der allgemeinen Empörung umzingelt. Wo das Verderben nicht allzu groß ist und nur Einzelne trifft, da stehen nicht ganze [532] Städte auf; was aber weit umher zu wüten angefangen hat und auf alle losgeht, darauf richten sich die Geschosse von allen Seiten. Kleine Schlangen sind unmerklich, und man geht nicht scharenweise darauf aus, sie zu erlegen; wenn aber eine ungewöhnlich groß und zu einem Ungetüm herangewachsen ist, wenn sie Quellen vergiftet, und mit ihrem Hauch alles, wo sie wandelt, versengt und zerstört, da geht man ihr mit schwerem Wurfgeschütz zu Leibe[32]. Kleine Übel

---

[32] Livius, Epitom. 18. und Aulus Gellius VI, 3. erzählen, dass im ersten Punischen Kriege der Konsul Atilius Regulus, da er in Afrika sein Lager an dem Flusse Bagrada, einem Küstenflusse des heutigen Tunis, aufgeschlagen hatte, ein eigentliches heftiges Treffen gegen eine einzige ungewöhnlich große Schlange geliefert und mit Belagerungsgeschütz auf sie geschossen habe. Ihre 120 Fuß lange Haut habe er nach Rom geschickt.

können täuschen und davon kommen, gegen große setzt man sich zur Wehr. So bringt ein einziger Kranker nicht einmal sein Haus in Lärm, aber wo durch häufige Todesfälle offenbar wird, dass die Pest da sei, da kommt die Stadt in Aufruhr und Flucht und selbst an die Götter legt man Hand an[33]. Wenn in einem einzelnen Hause Feuer ausbricht, so schleppt das Gesinde und die Nachbarschaft Wasser herbei. Aber eine weit verbreitete Feuersbrunst zu tilgen, die schon viele Häuser gefressen, wird ein ganzes Quartier der Stadt aufgeboten.

[533]  26. An Privatpersonen nehmen auch wohl Sklavenhände Rache für Grausamkeit, bei unausbleiblicher Gefahr der Kreuzigung; gegen Tyrannenwut, um ihr ein Ende zu machen, stehen Nationen und Völkerschaften auf, mochte das Übel unter ihnen sein, oder ihnen auch nur bevorstehen. Manchmal hat sich schon die eigene Leibwache gegen sie erhoben, und Treulosigkeit und Frevel und Unmenschlichkeit, und was sie von ihnen gelernt hatte, an ihnen selbst ausgeübt. Denn was

---

[33] Sueton, im Leben des Caligula Kap. 5. erzählt: An dem Tage, wo Germanicus, dieses Kaisers Vater, starb, habe man Steine auf die Tempel geworfen, Altäre umgestürzt, Hausgötter auf die Straße geworfen und Kinder ausgesetzt.

kann doch ein Mensch von demjenigen hoffen, den er schlecht zu sein gelehrt hat? — Die Schlechtigkeit leistet nicht lange ihre Dienste, und begeht nicht so viele Frevel, als man haben will. — Doch setze den Fall, die Grausamkeit habe keine Gefahr: Von welcher Art ist ihr Regiment? Nicht anders, als der Zustand eroberter Städte, und der Schreckensanblick allgemeiner Furcht. Alles ist niedergeschlagen, zaghaft, verwirrt: Selbst die Gedanken sind durch Furcht gehemmt. Da geht man nicht sorglos an die Tafel, wo man auch in Nüchternheit die Zunge ängstlich bewahren muss, noch zum Schauspiel, aus welchem Stoff zu Beschuldigung und Gefahr gesucht wird. Mag man es auch mit großem Aufwande veranstalten und mit königlichem Reichtum und durch gefeierte Künstlernamen: Wen mögen Spiele im Kerker freuen? Ihr guten Götter, was ist das für ein elendes Leben, morden, wüten, an dem Geklirre der Ketten Lust haben, die Köpfe der Bürger abhauen, wohin man kommt, Blutströme ergießen und durch seinen Anblick in Schrecken und Flucht jagen? War's denn anders, wenn Löwen und Bären regierten? Wenn Schlangen und allen verderblichsten Tieren Gewalt über uns eingeräumt würde? [534] Jene vernunftlosen Geschöpfe, die um ihrer Grausamkeit willen von uns verworfen sind, machen sich doch nicht an die Ihrigen, und was sich gleich ist, ist sogar unter den wilden Tieren sicher. Jene schonen in ihrer Wut auch die nächsten ihrer Angehörigen nicht, sondern es gilt ihnen gleich, Fremdes oder Eigenes, auf dass sie umso geübter von dem Mord an Einzelnen zur Zernichtung ganzer Völker übergehen können. Feuerbrände in Häuser zu werfen und über alte Städte den Pflug gehen zu lassen, dünkt ihnen Macht, und den Befehl zur Hinrichtung eines oder des andern zu geben, halten sie nicht für herrschermäßig genug; und wenn nicht zu derselben Zeit eine ganze Schar von Elenden ihren Streichen ausgesetzt dasteht, meinen sie in ihrer Grausamkeit beschränkt zu sein.

Das aber heiße ich Glückseligkeit, Vielen Rettung gewahren und vom Tode sie ins Leben zurückrufen, und die Bürgerkrone verdienen durch Gnade. — Kein Ehrenzeichen ziemt dem erhabenen Standpunkt eines Fürsten besser, keines ist schöner, als jene Krone für Erhaltung der Bürger[34], nicht feindliche Waffenrüstung, die er den Besieg-

---

[34] Die Bürgerkrone, ein Kranz aus Eichenlaub, schmückte die Türe in dem Vorhofe der Kaiser, wenn ihnen die Rettung und Erhaltung der Bürger verdankt wurde. Für Siege aber wurde die Türe mit Lorbeeren geschmückt.

ten ausgezogen, nicht blutbefleckte Streitwagen barbarischer Völker, nicht im Krieg eroberte Ehrenbeute. Das ist göttliche Macht, in Masse und fürs Ganze ein Retter zu sein: Aber viele töten und ohne Sonderung, das ist die Macht der Feuerflamme und des einstürzenden Hauses.

[535] *Zweites Buch.*

1. Dass ich über die Gnade schrieb, Kaiser Nero, dazu bewog mich eine einzige Äußerung von dir: Und es ist mir im Gedächtnisse, dass ich sie, als du sie tatest, schon nicht ohne Bewunderung hörte, und sie darauf andern erzählte, ein edles, hochherziges und gar mildes Wort, das ohne Absicht, nicht auf das Zuhören von andern berechnet, vom Augenblick eingegeben war und deine mit deinem Stande ringende Herzensgüte geoffenbart hat. Als dein Präfekt Burrus[35], ein trefflicher und dir, dem Fürsten, ganz befreundeter Mann, Ausreißer bestrafen wollte, die man eingezogen hatte[36], so verlangte er von dir, du solltest dich erklären, welche und aus welchem Grunde du bestraft wissen wolltest. — Nachdem du dies oft hinausgeschoben, drang er darauf, dass einmal eine Entscheidung erfolgte. Als er mit widerstrebendem Gefühle dir das Papier, das du nicht annehmen wolltest, hinreichte und übergab, da riefst

---

[35] Afranius Burrus, ein Oberster der Leibwache, der den jungen Nero hauptsächlich in der Kriegskunst zu bilden gehabt, während Seneca den Prinzen besonders in Philosophie und Rhetorik unterrichtet hatte. Man lese über ihn den Tacitus.

[36] Wir lesen nach Muret *ductos* statt *duos*.

du aus: „Ich wollte, dass ich nicht schreiben könnte!" Oh! Das Wort hätten alle Völker hören sollen, die im römischen Reiche wohnen, und die in schwankender Freiheit daran grenzen und sich mit Macht oder in [536] Gedanken dagegen erheben! Oh! Das Wort sollte in eine Versammlung der ganzen Menschheit gesendet werden und Fürsten und Könige sollten darauf ihre Eide ablegen! Oh, ein Wort, ganz passend für jenen allgemeinen schuldlosen Zustand des Menschengeschlechts, dem jenes alte [goldene] Zeitalter wieder zurückgeführt werden sollte. Nun wahrlich wäre es die rechte Zeit, dass alles sich für Billigkeit und Rechtschaffenheit vereinigte und die Begier nach fremdem Eigentume vertrieben würde, aus der jegliches Übel der Seele erwächst; dass frommer und redlicher Sinn mit Treue und Bescheidenheit im Bunde wieder auflebte, und die Laster, nachdem sie lange das Regiment geführt, endlich einem glücklichen und veredelten Zeitalter Platz machten.

2. Dass es so kommen werde, oh Kaiser, mochte ich in mancher Rücksicht hoffen und behaupten: Übergehen wird diese Milde deiner Gesinnung und sich nach und nach verbreiten in dem ganzen Körper des Reichs und alles wird sich dir

nachbilden. Vom Haupt aus geht das Wohlbefinden; deshalb ist auch alles rührig und munter, oder in Schlaffheit abgespannt, je nachdem das Belebende desselben kräftig ist, oder schlaff. Und es werden die Bürger, es werden die Bundesgenossen mit solcher Güte nicht im Widerspruche stehen und in das ganze Reich wird Rechtschaffenheit zurückkehren; überall wird man die Hände unentweiht bewahren. Lass mich hier nun länger bei deinem Wesen verweilen, nicht dass ich deinen Ohren schmeichle: Es ist das gar nicht meine Art: Lieber wollt' ich durch Wahrheit anstoßen, als durch Schmeichelei gefällig werden. — Was will ich nun? Außer dem, dass ich dich recht vertraut wissen möchte mit dem, was [537] du Edles getan und gesprochen, damit das, was jetzt Natur und Zug des Herzens ist, Grundsatz werde, erwäge ich bei mir selbst, dass manches große, aber fluchwürdige Wort in die Welt ausgegangen und im Munde des Volkes ist, wie jenes: „Lass sie hassen, wenn sie nur fürchten!" und ein sinnverwandter griechischer Vers[37], in welchem einer ausspricht,

---

[37] Man hält diesen von griechischen Schriftstellern im Original angeführten Ausspruch für einen Vers aus einem verloren gegangenen Drama des Euripides. — In der Folge hat der Kaiser Nero diesem Vers noch eine schrecklichere Wendung gegeben. Als nämlich einer bei der Tafel sagte: „Wenn ich

wenn er tot sei, möge die Erde sich mit dem Feuer vermischen, und was sonst der Art ist. Und ich weiß nicht, warum nur fühllose und verhasste Naturen so reichen Stoff finden, sich in kräftigen und schlagenden Sprüchen auszudrücken; noch nie habe ich einen gewaltigen Spruch aus dem Mund eines Guten und Gelinden vernommen. Was willst du also sagen? Obwohl selten, ungern und mit vielem Zögern, musst du doch einmal das schreiben, was dir die Buchstaben verhasst gemacht hat; aber, wie du tust, mit vielem Zögern, unter mancherlei Aufschub.

3. Damit uns aber nicht etwa der gefällige Name der Gnade täuschen und wohl einmal auch ganz irreführen möge: So lass uns untersuchen, was Gnade heiße, und wie sie beschaffen sein und was für Schranken sie haben soll. — [538] Gnade ist Mäßigung des Gemüts, wo man Macht hat, Rache zu nehmen: Oder Gelindigkeit eines Höheren gegen einen Niedrigeren in Bestimmung von Strafen. Es ist sicherer, mehr als eines anzugeben, es möchte nämlich eine einzige Begriffsbestim-

---

dahin bin, mische Feuer und Erde sich!" usw.: so erwiderte Nero: „Nein, schon wenn ich lebe!" usw., vgl. Sueton im Leben des Nero, Kap. 38.

mung die Sache nicht genug umfassen und, dass ich so sage, nicht bei der Rechtsformel bleiben; man kann daher auch sagen: Gnade ist die Neigung, im Strafen milde zu sein. Diese Begriffsbestimmung wird wohl Widerspruch finden, obgleich sie ziemlich richtig sein möchte. — Wenn wir behaupten: Gnade sei Milderung, die von der verdienten und verschuldeten Strafe etwas nachlasse: So wird man einwenden, das sei keine Tugend, wenn man irgendetwas nicht ganz so tue, wie es sein sollte. Allein es sieht jedermann ein, das sei Gnade, wenn man nicht so weit geht, als man mit Recht bestimmen könnte. Ihr entgegengesetzt denken sich Die, so es nicht verstehen, die Strenge. Aber es kann nicht eine Tugend der andern entgegengesetzt sein.

4. Was ist nun das Gegenteil von Gnade? Grausamkeit, welche nichts anderes ist, als Härte im Strafen. — Aber manche strafen nicht und sind doch grausam, zum Beispiele diejenigen, welche unbekannte und ihnen in den Weg kommende Menschen nicht eines Vorteils, sondern des Mordens halber morden. Und nicht zufrieden mit dem Morden, üben sie [noch daneben] Grausamkeiten

aus, wie jener Sinis und Prokrustes[38], und die Seeräuber, welche die Gefange-[539]nen schlagen und lebendig ins Feuer legen. Dies ist nun zwar Grausamkeit; aber weil es ihr weder um Rache zu tun ist — denn sie ist ja nicht Folge einer Beleidigung —, noch sie über irgend einen Frevel zürnt — denn es ist kein Verbrechen vorausgegangen —, so geht sie über unsere Bestimmung des Begriffs hinaus, nach welcher jene ein Mangel an Mäßigung im Strafen sein sollte. Man kann sagen, das sei nicht Grausamkeit, sondern tierische Wildheit, der das Wüten eine Lust ist; man könnte es Wahnsinn nennen. Denn davon gibt es verschiedene Arten, und keine gehört gewisser dazu, als die, so ans Morden und Zerfleischen der Menschen geht. Grausam möchte ich daher diejenigen nennen, die zwar einen Grund zum Strafen, aber kein Maß

---

[38] Sinis und Prokrustes waren berüchtigte Räuber, jener auf dem Isthmus bei Korinth, welcher Reisende, die ihm in die Hände fielen, zwischen zwei niedergebogenen Fichten fest anband und, nachdem er die Bäume wieder in die Höhe prallen lassen, die Angebundenen auseinanderriss. Seinem Treiben machte Theseus ein Ende. *Vgl. Plutarchs Theseus.* — Prokrustes, in Attika, passte die Wanderer, die in seine Macht gerieten, seinem Bette an, indem er denen, die zu lang waren, von den Gliedern abhieb. Denen aber, die zu kurz waren, die Füße in die Länge zog. – Auch über diesen *vgl. Plutarchs Theseus.*

darin haben, wie das bei Phalaris[39] war, von dem es heißt, er habe zwar nicht gegen Unschuldige, aber auf eine unmenschliche und nicht zu billigende Weise seinen grausamen Sinn ausgelassen. Den Spitzfindigkeiten auszuweichen, kann man den Begriff auch so bestimmen, Grausamkeit sei eine Hinneigung des Gemüts zu härteren Maßregeln. — Davon ist die Gnade himmelweit entfernt: Wiewohl sich offenbar Strenge mit ihr ganz gut verträgt. Hier ist der Ort, sich darüber zu verständigen, was Weichherzigkeit sei. Die Meisten nämlich [540] preisen sie als eine Tugend, und nennen den Weichherzigen einen guten Menschen. Allein es ist dies eine Schwäche des Gemüts. Es ist bei der Strenge, wie bei der Gnade, etwas, das wir vermeiden müssen, auf der einen Seite, dass wir nicht unter dem Scheine der Strenge in Grausamkeit, auf der andern, dass wir nicht unter dem Scheine der Gnade in Weichherzigkeit verfallen. Im letzteren Falle ist die Verirrung minder gefährlich, aber — so oder so — Irrtum ist's einmal, wenn man vom rechten Weg abweicht.

5. Darum gleich wie frommer Sinn die Götter ehrt, Aberglaube sie schändet: So werden

---

[39] Über Phalaris vgl. *Über den Zorn II, 5.*

Gnade und Sanftmut alle Guten beobachten, Weichherzigkeit aber vermeiden. Denn sie ist ein Gebrechen einer kleinlichen Seele, die bei dem Anblicke fremder Leiden mutlos wird. Darum ist sie den feigsten Gesellen am meisten eigen. Es sind alte schwache Weiblein, die von den Tränen der Schuldigsten gerührt werden, und, wenn sie könnten, den Kerker aufbrächen. — Die Weichherzigkeit sieht nicht auf den Grund der Sache, sondern auf den Zustand; die Gnade hält sich an Vernunft. — Ich weiß wohl, dass die Schule der Stoiker bei den Unkundigen in dem üblen Rufe steht, als sei sie allzu hart und gebe namentlich Fürsten und Königen nicht den besten Rat. Man wirft ihr nämlich vor, dass sie behauptet, der Weise habe kein Mitleiden, behauptet, er verzeihe nicht. — Wenn dies so für sich ausgesprochen wird, lautet es verhasst: Denn es kommt heraus, als ließe es menschlichen Verirrungen keine Hoffnung übrig, sondern zöge alle Vergehungen zur Strafe. — Ist dem also, warum sollte dann eine Weisheit nicht verhasst sein, [541] die da will, dass man Mensch zu sein verlerne und die den Hafen verschließen will, auf den man sich für hilfreiches Entgegenkommen gegen das Geschick noch einzig verlassen konnte? — Nein, es ist keine Schule gütiger, milder; keine menschenfreundlicher und mehr auf das gemeine Beste bedacht, so dass sie recht eigentlich darauf ausgeht, dienstfertig und hilfreich zu sein und nicht nur für sich, sondern für alle und für jeden Einzelnen zu sorgen. Weichherzigkeit ist eine Verstimmung der Seele beim Anblicke fremden Elends: Oder eine Traurigkeit, durch fremdes Leiden verursacht, von dem man glaubt, es treffe einen ohne sein Verschulden. Verstimmung aber kommt bei dem Weisen nicht vor. Seine Seele ist heiter und es kann nichts eintreten, was sie umwölkte. Und nichts ist so ehrenvoll, als eine große Seele: Sie kann aber nicht groß sein, wenn Furcht und Kummer sie zerschlägt und den Sinn umdüstert und einengt. Das wird dem Weisen nicht einmal bei seinen eigenen Unglücksfällen begegnen, sondern er wird jede Bitterkeit des Geschicks zurückschlagen und vor sich zerbrechen; er wird immer dasselbe ruhige, nun erschütterte Antlitz behalten: Das wäre nicht möglich, wenn er Traurigkeit über sich kommen ließe. Bedenke dazu, dass der Weise vorwärts schaut und um Rat nicht verlegen ist; aus trübem Grunde kommt wohl aber nie etwas Klares und Reines. Die Traurigkeit freilich ist unfähig, die Umstände zu erwägen, das Zweckmäßige auszusinnen, das Gefährliche zu vermeiden, über das Rechte zu entscheiden. Er ist also nicht mitleidig, weil das auch nicht angeht ohne ein Leiden der Seele. Sonst wird er aber alles, was die Mitleidigen [542] zu tun pflegen, auch mit Freuden tun und mit ganz anderer Gemütsstimmung, als sie[40].

6. Abhelfen wird er den Tränen anderer, nicht die seinen damit vereinigen; die Hand geben wird er den Schiffbrüchigen, Herberge dem Vertriebenen, sein Scherflein dem Dürftigen, nicht jenes schmähliche, wodurch die Mehrzahl derer, die da barmherzig scheinen wollen, den Unterstützten mit Ekel von sich weist und seine Berührung scheut, sondern geben wird er, als ein Mensch dem Menschen, vom Gemeingute. Den Tränen der Mutter wird er den Sohn schenken und seine Ketten lösen lassen, ihn vom Tiergefechte befreien und auch den Leichnam eines Schuldigen[41] begraben. Aber er wird dies tun mit ruhigem Gemüte, mit unveränderter Miene. So wird der Weise nicht weichherzig sein, aber hilfreich, dienstwillig, geschaffen zur Stütze für alle und für das allgemeine Wohl, daran er einem Jeg-

---

[40] *et alius animo*; so heilt Lipsius die dunkle und verdächtige Stelle.

[41] *Cadaver noxium.* Es könnte auch heißen: den angesteckten Leichnam.

lichen seinen Teil gibt; auch auf solche Unglückliche, die nach Umständen zurecht gewiesen und von Fehlern zurückgebracht werden müssen, wird er seine Güte erstrecken. Denen aber, die vom Schicksal geschlagen sind und im Leiden einen kräftigen Sinn bewähren, wird er mit mehr Lust beispringen. Wo es möglich ist, wird er den Vermittler gegen das Missgeschick machen. Denn wo wird er lieber seine Güter oder seine Macht anwenden, als wo die Schläge des Zufalls wieder gut zu machen sind? Seinen Blick wird es einmal nicht [543] niederschlagen, noch auch sein Gemüt, wenn ein Mitbürger, abgezehrten, zerlumpten, magern Aussehens betteln geht, oder ein Greis am Stabe schleicht; übrigens wird er jedem Würdigen dienen und auf die Elenden nach der Götter Weise mit Huld hinschauen. Mitleiden ist nicht weit vom Leiden, es nimmt und zieht etwas davon an sich. Du weißt wohl, es sind schwache Augen, die sich bei dem Triefen anderer selbst mit Tränen füllen, wahrlich, eben so, wie es eine Krankheit ist, nicht Heiterkeit, wenn man mit dem Lachenden immer mitlacht und, wo alle gähnen, selbst auch den Mund aufreißt. Weichherzigkeit ist eine Schwäche der Seelen, die für Leidende allzu sehr eingenommen sind: Wenn man dieselbe daher dem Weisen zumutet, so fehlt nicht viel, dass man von ihm auch Jammerklage verlangte und ein Schluchzen bei Leichen, die ihn nichts angehen.

7. Nun will ich aber erklären, warum er nicht verzeiht. Wir wollen jetzt auch festsetzen, was Verzeihung sei, damit wir uns überzeugen, sie dürfe von dem Weisen nicht erteilt werden. Verzeihung ist Erlassung verdienter Strafe. Warum der Weise sich dazu nicht verstehen dürfe, darauf lassen sich diejenigen umständlicher ein, die das sich zum Zwecke gemacht haben. Um darüber kurz zu sein, weil es eigentlich nicht meine Sache ist, sage ich nur: Verziehen wird einem, der gestraft werden sollte, der Weise aber tut nichts, was er nicht soll und unterlässt nichts, was er tun soll. Darum schenkt er die Strafe nicht, die er auszuüben verpflichtet ist; sondern was nach deinem Wunsche durch Verzeihung erzweckt werden soll, lässt er dir auf einem ehrenvolleren Wege zukom-[544]men: Nämlich der Weise schont, berät und bessert. Er handelt gerade so, als ob er verzeihen würde, aber er verzeiht doch nicht, denn Derjenige, welcher verzeiht, gesteht ein, er habe etwas unterlassen, was hätte geschehen sollen. — Den einen wird er nur mit Worten warnen, nicht mit Strafe belegen, indem er sein besserungsfähiges Alter in Betracht nimmt; bei einem andern, der

offenbar ein verhasstes Verbrechen auf sich hat, wird er sagen, es soll ihm nichts geschehen, weil er im Irrtum handelte, oder in der Trunkenheit fehlte. Feinde wird er unverletzt, manchmal sogar mit Lob entlassen, wenn sie in ehrlicher Fehde dem gegebenen Worte, dem Bunde, der Freiheit zuliebe, in den Krieg gezogen sind. Das alles sind Erweisungen nicht von Verzeihung, sondern von Gnade. Gnade hat freien Willen; sie urteilt nicht nach Rechtsformeln, sondern nach Billigkeit und Güte; sowohl freizusprechen steht ihr zu, als, wie hoch sie will, Strafe auszusetzen. — Nichts, was sie hierin tut, ist so, als ob sie weniger täte, als gerecht ist, sondern in der Ansicht, dass das, was sie bestimmt, das Gerechteste sei. Verzeihen aber heißt, dasjenige nicht strafen, was man für strafenswert erkennt. Verzeihung ist Erlassung verschuldeter Strafe. Die Gnade stellt sich vor allem darin sicher, dass sie erklärt, es wäre nicht recht gewesen, wenn denen, so sie frei lässt, etwas anderes geschehen wäre. — Sie ist also vollständiger als die Verzeihung und rechtlicher. — Es ist nach meiner Ansicht hier ein Streit um Worte; in der Sache selbst sind wir eins. Der Weise wird vieles erlassen; Viele von nicht gesunder, aber heilungsfähiger Gemütsart, wird [545] er erhalten. Guten Landwirten wird er es nachmachen, die nicht nur gerade und schlanke Bäume aufziehen, sondern auch denen, die irgendein Umstand verkrüppelt hat, Stützen geben, um sie gerade zu machen. Die einen beschneiden sie, damit die Äste dem schlanken Wuchse keinen Eintrag tun; den andern, die wegen schlechter Lage nicht gedeihen wollten, geben sie nahrhaften Boden; wieder andern, die unter fremdem Schatten verkümmerten, machen sie Licht und Luft frei. — Demgemäß wird der vollendete Weise darauf achten, auf welche Art und Weise diese oder jene Gemütsart zu behandeln sei und wie das Krüppelhafte zurechtgebogen werde.

[Hier brechen die Manuskripte ab.]

www.ingramcontent.com/pod-product-compliance
Lightning Source LLC
Chambersburg PA
CBHW072231170526
45158CB00002BA/853